智能变电站设备运行异常及事故案例

ZHINENG BIANDIANZHAN SHEBEI YUNXING YICHANG
JI SHIGU ANLI

主　编　张　丰
副主编　黄　敏
参　编　高秋锋　郭碧媛　陈余航　朱菁　陈友立　郭飞云

中国电力出版社
CHINA ELECTRIC POWER PRESS

内 容 提 要

本书以 110、220、500kV 电压等级智能变电站中典型的双母线、内桥及 3/2 接线方式的四座变电站为蓝本，精选了 50 个智能变电站设备运行异常及事故的典型案例。全书共 5 章，内容包括合并单元事故处理案例，智能终端事故处理案例，检修机制事故处理案例；GOOSE、SV 通信中断事故处理案例；复合型事故处理案例。附录是四座变电站的主接线图，供全书参考使用。

本书思路清晰、内容实用、案例典型。可供从事变电站运维、调控、检修技术人员学习使用，也可供高等院校相关专业的师生参考。

图书在版编目（CIP）数据

智能变电站设备运行异常及事故案例 / 张丰主编. —北京：中国电力出版社，2017.11
ISBN 978-7-5198-1217-1

Ⅰ.①智…　Ⅱ.①张…　Ⅲ.①智能系统–变电所–电力系统运行–事故分析
Ⅳ.①TM63

中国版本图书馆 CIP 数据核字（2017）第 241737 号

出版发行：中国电力出版社
地　　址：北京市东城区北京站西街 19 号（邮政编码 100005）
网　　址：http://www.cepp.sgcc.com.cn
责任编辑：崔素媛（cuisuyuan@gmail.com）
责任校对：马　宁
装帧设计：张俊霞
责任印制：杨晓东

印　　刷：三河市航远印刷有限公司
版　　次：2017 年 11 月第一版
印　　次：2017 年 11 月北京第一次印刷
开　　本：710 毫米×1000 毫米　16 开本
印　　张：13
字　　数：219 千字
印　　数：0001—3500 册
定　　价：46.00 元

前　言

随着国家电网公司推进智能电网的发展，智能变电站作为坚强智能电网的基石和重要支撑，其发展是必然趋势。2011年以后所有新建变电站都按照智能变电站技术标准建设，并且重点对枢纽及中心变电站进行智能化改造。由此可见，掌握智能变电站的运维要点、异常与事故分析处理，是变电站运维人员必备的要求。

本书以110、220、500kV电压等级变电站中典型的双母线、内桥及3/2主接线方式的四座变电站为蓝本（具体接线方式见附录），围绕合并单元、智能终端及通信链路等故障异常情况进行编写。希望变电站运维人员通过本书的学习能够提高智能变电站运维异常及事故处理能力，使智能变电站安全生产工作得到有力保障。

本书由国网福建省电力有限公司福州供电公司高级工程师、高级技师张丰担任主编，由国网福建省电力有限公司福州供电公司高级技师黄敏担任副主编。国网福建省电力有限公司福州供电公司陈余航、陈友立编写了第1章，国网福建省电力有限公司福州供电公司高秋锋、国网福建省电力有限公司管理培训中心朱菁编写了第2章，国网福建省电力有限公司福州供电公司张丰编写了第3章，国网福建省电力有限公司福州供电公司郭碧媛、国网福建省电力有限公司管理培训中心郭飞云编写了第4章，国网福建省电力有限公司福州供电公司黄敏编写了第5章。

本书在编写过程中广泛听取各方意见，多次修改而成。本书的编写也得到了国网福建省电力有限公司领导和国网福建省电力有限公司福州供电公司领导的大力支持，在此致以诚挚的谢意。

限于时间及编者水平，本书在编写过程中难免存在疏漏，敬请广大读者提出宝贵意见。

目　录

前言

第 1 章
合并单元事故处理案例

合并单元是智能变电站过程层的关键设备，是对来自二次转换器的电流或电压数据进行时间相关组合的物理单元。智能变电站通过合并单元完成电气量采集，包括采集器输出的采样值、电源状态信息及变电站同步信号等，在合并单元内对输入信号进行处理，同时合并单元通过光纤向间隔层智能电子设备（IED）输出采样合并数据。合并单元的输入可以是数字量或模拟量，经合并单元数据处理及同步后以 IEC 61850-9-2 或 FT3 的标准格式输出。

合并单元按照功能一般分为间隔合并单元和母线合并单元。

（1）间隔合并单元用于线路、变压器等间隔电气量采集。电气量数据一般为三相电压、三相保护用电流、三相测量用电流、同期电压、零序电压、零序电流等。对于双母线接线的间隔，间隔合并单元根据间隔隔离开关位置自动实现电压的切换输出。

（2）母线合并单元一般采集母线电压或同期电压。母线合并单元可接收至少两组电压互感器数据，并支持向其他合并单元提供母线电压数据，可实现各段母线电压的并列功能。

案例 1　仿真－变电站 110kV 线路合并单元故障

1. 主接线运行方式

仿真一变电站 220kV 双母线并列运行，甲一线 261、1 号主变压器 26A 断路器接Ⅰ段母线运行，甲二线 264、2 号主变压器 26B 断路器接Ⅱ段母线运行。110kV 双母线并列运行，乙一线 161、1 号主变压器 16A 接Ⅰ段母线运行，乙二线 164、2 号主变压器 16B 接Ⅱ段母线运行。10kV 单母线分列运行。26B8、16A8、16B8 中性点接地刀闸在合。

2. 保护配置情况

主变压器配置两套 PST-1200 电量保护、各侧均配置两套合并单元、两套智能终端；110kV 母差保护配置一套 PCS-915 母差保护；110kV 线路配置一套 CSC161A 测控保护一体化装置。

3. 事故概况

（1）事故起因：乙一线 161 线路合并单元故障。

（2）具体报文信息见表 1-1。

表 1-1　　　　　　　　　报　文　信　息

序号	时　间	报　文　信　息
1	10:00:00.000	110kV 乙一线 161 合并单元装置闭锁
2	10:00:00.000	110kV PCS915B 母差保护接收 110kV 乙一线 161 合并单元采样中断
3	10:00:00.000	110kV PCS-915 母差保护接收 110kV 乙一线 161 间隔采样数据无效
4	10:00:00.000	110kV 乙一线 161 CSC161AE 接收合并单元采样通信中断
5	10:00:00.000	110kV 乙一线 161 CSC161AE 接收合并单元采样数据无效

4. 报文分析判断

从报文 1 "110kV 乙一线 161 合并单元装置闭锁"可得知，10:00:00 乙一线 161 合并单元故障，装置闭锁。从报文 2~5 "PCS915B 母差保护接收 110kV 乙一线 161 合并单元采样中断""110kV PCS-915 母差保护接收 110kV 乙一线 161 间隔采样数据无效""110kV 乙一线 161 CSC161AE 接收合并单元采样通信中断""110kV 乙一线 161 CSC161AE 接收合并单元采样数据无效"可知，161 合并单元故障后闭锁了乙一线 161 线路保护和 110kV 母差保护。

5. 处理参考步骤

（1）阅读并分析报文、检查相关保护和设备。

（2）发现乙一线 161 合并单元运行灯熄灭，装置电源正常，重启合并单元无效。

（3）汇报调度，申请断开乙一线 161 断路器。依调度指令断开 161 断路器。

（4）解除 110kV 母差保护上乙一线 161 间隔投入连接片。

（5）检查 110kV 母差保护运行正常，并复归信号。

6. 案例要点分析

合并单元故障后，无法正常接收和发送电压、电流等采样数据。由于乙一线 161 合并单元故障，涉及接收乙一线 161 电流采样的保护，如乙一线 161 线路保护及 110kV 母线差动保护，由于无法接收到乙一线 161 有效采样数据，将闭锁保护功能。若乙一线 161 线路或 110kV 母线发生故障，乙一线 161 线路保护或 110kV 母差保护无法动作切除故障，将造成主变压器中后备保护越级跳闸。由于此时线路保护及母差保护均已闭锁，可先尝试重启合并单元，为避免合并单元重启过程中线路或母差保护误动，因此可先采取措施将 110kV 母差保护及乙一线 161 线路保护退出，然后重启合并单元，若重启后正常可恢复保护装置正常运行，报缺陷待检修人员安排停电检查此前合并单元故障原因；若重启无效，则应考虑将乙一线 161 线路停役。为避免乙一线 161 间隔电流无效数据闭锁 110kV 母线差动保护，需解除 110kV 母差保护上乙一线 161 间隔投入连接片。

在异常处理中，应先断开乙一线 161 断路器再解除 110kV 母差保护上乙一线 161 间隔投入连接片，先后顺序不得相反。若先解除 110kV 母差保护上乙一线 161 间隔投入连接片，由于此时仍有负荷的乙一线 161 线路电流不参与 110kV 母差保护差流计算，将使 110kV 母差保护产生差流，若差流越限值达到母差保护动作定值，在因外部故障等原因造成母差保护电压闭锁开放时，将造成母差保护误动。因此，应先断开乙一线 161 断路器，再解除 110kV 母差保护上乙一线 161 间隔投入连接片恢复母差保护正常运行。

案例 2　仿真三变电站 110kV 母线合并单元 I 套故障

1. 主接线运行方式

仿真三变电站 110kV 乙一线 191 断路器、乙二线 193 断路器、Ⅱ～Ⅲ内桥 19K 断路器运行，Ⅰ～Ⅱ内桥 19M 断路器热备用。1 号、3 号主变压器运行。10kV 单母线分列运行。19A8、19C8 中性点接地刀闸在分。

2. 保护配置情况

主变压器配置两套金智科技 iPACS-5941D 保护，乙一线 191、乙二线 193、Ⅰ～Ⅱ内桥 19M、Ⅱ-Ⅲ内桥 19K 各配置两套 PRS-7395 深瑞合智一体装置；110kV 配置一套金智科技 iPACS-5731 备自投保护；10kV Ⅰ、Ⅵ段母线、Ⅱ、Ⅴ段母线分别配置一套金智科技 iPACS-5763D 备自投保护。乙一线 191、乙二线 193 对侧配置一套 PSL621U 线路保护（混缆线路重合闸退出）。

3. 事故概况

（1）事故起因：110kV 母线合并单元 I 套装置故障，乙二线 193 线路发生瞬时性故障。

（2）具体报文信息见表 1–2。

表 1–2　　　　　　　　　　　　报　文　信　息

序号	时　间	报　文　信　息
1	10:00:00.000	110kV 公用信号母线合并单元（Ⅰ套）装置异常
2	10:00:00.000	110kVⅡ段母线计量电压消失
3	10:00:00.000	110kVⅢ段母线计量电压消失
4	10:00:00.000	110kV 母线测控Ⅰ段母线电压丢失
5	10:00:00.000	110kV 母线测控Ⅲ段母线电压丢失
6	10:00:01.250	1 号主变压器 iPACS5941D（Ⅰ套）高压侧电压数据异常
7	10:00:01.250	3 号主变压器 iPACS5941D（Ⅰ套）高压侧电压数据异常
8	10:00:01.250	110kV 公用信号 iPACS5731D 备自投Ⅰ母 TV 断线
9	10:00:01.250	3 号主变压器 iPACS5941D（Ⅰ套）高压侧 TV 异常
10	10:00:01.250	1 号主变压器 iPACS5941D（Ⅰ套）高压侧 TV 异常
11	10:00:01.250	110kV 公用信号 iPACS5731D 备自投装置告警
12	10:30:00.000	3 号主变压器 iPACS5941D（Ⅰ套）保护起动
13	10:30:00.000	3 号主变压器 iPACS5941D（Ⅱ套）保护起动
14	10:30:00.000	10kV 公用信号 Ⅴ 母计量电压消失
15	10:30:00.000	10kV 公用信号 Ⅵ 母计量电压消失
16	10:30:01.300	10kV2 号电容器 929iPACS5751 低电压动作
17	10:30:01.300	10kV6 号电容器 969iPACS5751 低电压动作
18	10:30:01.330	10kV2 号电容器 929 合位—分
19	10:30:01.330	10kV2 号电容器 929 分位—合
20	10:30:01.330	10kV6 号电容器 969 合位—分
21	10:30:01.330	10kV6 号电容器 969 分位—合
22	10:30:03.000	10kV 公用信号 iPACS5763DⅡ～Ⅴ母备自投，自投跳电源 2（3 号主变压器 10kV 侧 99C）
23	10:30:03.000	10kV 公用信号 iPACS5763DⅠ～Ⅵ母备自投，自投跳电源 2（3 号主变压器 10kV 侧 99F）
24	10:30:03.030	3 号主变压器 10kV 侧 99C 合位—分
25	10:30:03.030	3 号主变压器 10kV 侧 99C 分位—合
26	10:30:03.030	3 号主变压器 10kV 侧 99F 合位—分

序号	时　间	报　文　信　息
27	10:30:03.030	3 号主变压器 10kV 侧 99F 分位—合
28	10:30:03.130	10kV 公用信号 iPACS5763D Ⅱ～Ⅴ母备自投，自投合分段（10kVⅡ～Ⅴ段母分 99M）
29	10:30:03.130	10kV 公用信号 iPACS5763D Ⅰ～Ⅵ母备自投，自投合分段（10kV Ⅰ～Ⅵ段母分 99W）
30	10:30:03.170	10kV Ⅱ～Ⅴ段母分 99M 分位—分
31	10:30:03.170	10kV Ⅱ～Ⅴ段母分 99M 合位—合
32	10:30:03.170	10kV Ⅰ～Ⅵ段母分 99W 分位—分
33	10:30:03.170	10kV Ⅰ～Ⅵ段母分 99W 合位—合
34	10:30:03.170	10kV 公用信号 Ⅴ 母计量电压消失—复归
35	10:30:03.170	10kV 公用信号 Ⅵ 母计量电压消失—复归
36	10:30:18.170	3 号主变压器 iPACS5941D（Ⅰ套）保护起动—复归
37	10:30:18.170	3 号主变压器 iPACS5941D（Ⅱ套）保护起动—复归

4. 报文分析判断

从报文 1"110kV 公用信号母线合并单元（Ⅰ套）装置异常"可得知，10:00:00 110kV 母线合并单元（Ⅰ套）装置异常。从报文 6～8，"1 号主变压器 iPACS5941D（Ⅰ套）高压侧电压数据异常""3 号主变压器 iPACS5941D（Ⅰ套）高压侧电压数据异常""110kV 公用信号 iPACS5731D 备自投 Ⅰ 母 TV 断线"可知，1 号主变压器 Ⅰ 套保护高压侧电压数据采样异常，110kV 备自投 Ⅰ 母 TV 断线。

10:30:00 系统发生故障，各类保护起动。3s 后 10kV Ⅰ～Ⅵ母备自投、Ⅱ～Ⅴ母备自投保护动作，约 30ms 后 3 号主变压器 10kV 侧 99C、99F 断路器跳闸，0.1s 后 10kV 母分 99M、99W 断路器合上。故障点消失，各类保护复归。事故造成 110kV Ⅱ、Ⅲ段母线失电压，3 号主变压器失电压。10kV 备自投动作成功。

判断事故的可能原因有：① 110kV 乙二线 193 故障；② 110kV Ⅱ段、Ⅲ段母线或 3 号主变压器故障，3 号主变压器两套差动保护均拒动。综合考虑，第 1 种可能性较大。

5. 处理参考步骤

（1）阅读并分析报文、检查相关保护和设备。

（2）查 1 号主变压器是否过载。

（3）重启 110kV 母线合并单元（Ⅰ套）无效。

（4）断开失电压的乙二线 193 断路器。汇报调度，告知 1 号主变压器Ⅰ套高压侧复压过电流保护变为纯过电流保护、Ⅰ套零序过压保护功能丢失，申请解除 1 号主变压器Ⅰ套高压侧后备保护。向调度申请充乙二线 193 线路，成功。

（5）解除 3 号主变压器Ⅰ套高压侧后备保护，申请对 110kVⅡ、Ⅲ段母线及 3 号主变压器充电。依调度指令投入 19M 断路器过电流保护，合上 19C8 中性点接地刀闸，合上 19M 断路器充电正常后解除 19M 断路器过电流保护，断开 19C8 中性点接地刀闸。

（6）110kV 更改为分列运行方式。申请恢复 10kV 正常运行方式。依调度指令恢复 10kV 正常运行方式。

6. 案例要点分析

合并单元装置异常后，发送的电压、电流等采样数据均为无效数据。110kV 母线合并单元（Ⅰ套）装置异常后，1 号、3 号主变压器Ⅰ套保护接收到 110kV Ⅰ段母线无效电压数据，造成 1 号、3 号主变压器Ⅰ套高压侧复压过流保护变为纯过电流保护、Ⅰ套零序过压保护功能丢失。乙一线 191 合智一体装置（Ⅰ套）接收 110kV 母线合并单元（Ⅰ套）电压无效数据后与乙一线 191 间隔电流、线路电压数据打包发送 110kV 备自投保护，造成 110kV 备自投保护接收到 110kV Ⅰ段母线电压无效数据，装置判断 110kV Ⅰ母 TV 断线。

乙二线 193 线路故障后对侧断路器跳闸未重合，造成 110kV Ⅱ、Ⅲ段母线失电压，3 号主变压器失电压，10kV Ⅴ、Ⅵ母失电压。由于此时 110kV Ⅰ段母线电压数据无效，备自投动作条件不满足，无法动作跳开乙二线 193 断路器、合母联 19M 断路器，造成 10kV Ⅰ～Ⅵ母备自投、Ⅱ～Ⅴ母备自投保护动作，1 号主变压器带全站负荷运行。由于此时 1 号主变压器Ⅰ套高压侧复压过流保护变为纯过流保护，存在主变压器过载时纯过流保护动作可能性，若高压侧纯过流保护动作跳闸将造成全站负荷丢失，为避免 1 号主变压器高压侧复压过流保护误动，宜解除 1 号主变压器Ⅰ套高压侧后备保护。同理，在 3 号主变压器恢复送电时，宜解除 3 号主变压器Ⅰ套高压侧后备保护。

正常运行时 110kV 母线两套合并单元均采集Ⅰ母和Ⅲ母电压，再根据各装置接收电压的需要将Ⅰ母和Ⅲ母电压分别送至其他智能装置。由于此时 110kV 母线合并单元Ⅰ套故障，无法正常发送Ⅰ母和Ⅲ母电压采样数据。而 110kV 备自投装置的Ⅰ母电压、1 号主变压器Ⅰ套保护的Ⅰ母电压、3 号主变压器Ⅰ套保护的Ⅲ母电压均接收 110kV 母线合并单元Ⅰ套的数据，造成电压数据无效。由于 110kVⅠ母电压为无效数据，110kV 备自投无论在分段备投或是进线互投方式下均无法正常充电，因此，宜保持 110kV 分列的运行方式，在线路发生故障时 10kV 备自投仍能正确动作，但若 10kV 两段母线的负荷之和接近或超过主变压器过负荷定值时，应解除 10kV 备自投。

案例 3　仿真三变电站 110kV 线路合并单元Ⅰ套故障

1. 主接线运行方式

仿真三变电站乙二线 193 断路器、Ⅰ～Ⅱ内桥 19M 断路器、Ⅱ～Ⅲ内桥 19K 断路器运行，110kV 乙一线 191 断路器热备用。1 号、3 号主变压器运行。10kV 单母线分列运行。19A8、19C8 中性点接地刀闸在分。

2. 保护配置情况

主变压器配置两套金智科技 iPACS-5941D 保护，乙一线 191、乙二线 193、Ⅰ～Ⅱ内桥 19M、Ⅱ～Ⅲ内桥 19K 各配置两套 PRS-7395 深瑞合智一体装置；110kV 配置一套金智科技 iPACS-5731 备自投保护；10kVⅠ、Ⅵ段母线、Ⅱ、Ⅴ段母线分别配置一套金智科技 iPACS-5763D 备自投保护。主变压器高压侧复压过电流保护取自主变压器高压侧套管 TA。乙一线 191、乙二线 193 对侧配置一套 PSL621U 线路保护（混缆线路重合闸退出）。

3. 事故概况

（1）事故起因：乙一线 191 合智一体装置Ⅰ套采样异常，乙二线 193 线路永久性故障。

（2）具体报文信息见表 1-3。

表 1-3　　　　　　　　　报　文　信　息

序号	时　间	报　文　信　息
1	10:00:00.000	110kV 乙一线 191 合智一体装置（Ⅰ套）采样异常
2	10:00:00.000	110kV 公用信号 iPACS5731D 备自投 110kV 乙一线 191 线路 TV 断线
3	10:00:00.000	110kV 公用信号 iPACS5731D 备自投装置闭锁
4	10:00:00.000	1 号主变压器 iPACS5941D（Ⅰ套）电流异常闭锁差动
5	10:00:00.000	1 号主变压器 iPACS5941D（Ⅰ套）高压侧电流数据异常（110kV 乙一线 191 断路器）
6	10:30:00.000	1 号主变压器 iPACS5941D（Ⅰ套）保护起动

续表

序号	时　间	报　文　信　息
7	10:30:00.000	1 号主变压器 iPACS5941D（Ⅱ套）保护起动
8	10:30:00.000	3 号主变压器 iPACS5941D（Ⅰ套）保护起动
9	10:30:00.000	3 号主变压器 iPACS5941D（Ⅱ套）保护起动
10	10:30:00.030	110kV 母线测控Ⅰ段母线电压丢失
11	10:30:00.030	110kV 母线测控Ⅲ段母线电压丢失
12	10:30:00.030	10kV 公用信号Ⅰ母计量电压消失
13	10:30:00.030	10kV 公用信号Ⅱ母计量电压消失
14	10:30:00.030	10kV 公用信号Ⅴ母计量电压消失
15	10:30:00.030	10kV 公用信号Ⅵ母计量电压消失
16	10:30:00.030	400V 公用信号 1 号交流进线屏Ⅰ段母线电压异常
17	10:30:00.030	400V 公用信号 2 号交流进线屏Ⅱ段母线电压异常
18	10:30:01.330	10kV2 号电容器 929iPACS5751 低电压动作
19	10:30:01.330	10kV6 号电容器 969iPACS5751 低电压动作
20	10:30:01.330	10kV1 号电容器 919 iPACS5751 低电压动作
21	10:30:01.330	10kV5 号电容器 959 iPACS5751 低电压动作
22	10:30:01.370	10kV2 号电容器 929 合位—分
23	10:30:01.370	10kV2 号电容器 929 分位—合
24	10:30:01.370	10kV6 号电容器 969 合位—分
25	10:30:01.370	10kV6 号电容器 969 分位—合
26	10:30:01.370	10kV1 号电容器 919 合位—分
27	10:30:01.370	10kV1 号电容器 919 分位—合
28	10:30:01.370	10kV5 号电容器 959 合位—分
29	10:30:01.370	10kV5 号电容器 959 分位—合

4. 报文分析判断

从报文 1 "110kV 乙一线 191 合智一体装置（Ⅰ套）采样异常"可得知，10:00:00 110kV 乙一线 191 合智一体装置（Ⅰ套）采样异常，装置故障。从报文 2～5 "1 号主变压器 iPACS5941D（Ⅰ套）高压侧电流数据异常（110kV 乙一线 191 断路器）""110kV 公用信号 iPACS5731D 备自投 110kV 乙一线 191 线路 TV 断线""110kV 公用信号 iPACS5731D 备自投装置闭锁""1 号主变压器 iPACS5941D（Ⅰ套）电流异常闭锁差动"可知，由于 191 间隔采样数据异常，造成 1 号主变压器Ⅰ套保护差动保护功能闭锁，110kV 备自投装置 110kV 乙一线 191 线路 TV 断线，装置闭锁。

10:30:00 系统发生故障，各类保护起动。110kVⅠ、Ⅱ、Ⅲ段母线、10kVⅠ、Ⅱ、Ⅴ、Ⅵ段母线、400V 母线失电压。1.3s 后 10kV1 号、2 号、5 号、6 号电容器保护低电压动作，约 40ms 后 1 号电容器 919、2 号电容器 929、5 号电容器 959、6 号电容器 969 跳闸。事故造成仿真三变电站全站失电压。

判断事故的可能原因有：① 110kV 乙二线 193 线路故障；② 110kVⅡ段、Ⅲ段母线或 3 号主变压器故障，3 号主变压器两套差动保护均拒动；③ 110kVⅠ段母线或 1 号主变压器故障，1 号主变压器两套差动保护均拒动。综合考虑，第 1 种可能性较大。

5. 处理参考步骤

（1）阅读并分析报文、检查相关保护和设备。

（2）重启 110kV 乙一线 191 合智一体装置（Ⅰ套）无效。

（3）断开失电压的 193、99C、99F、99A、99D 断路器。汇报调度，告知乙一线 191 合智一体装置Ⅰ套采样异常，1 号主变压器Ⅰ套保护差动保护功能闭锁，110kV 备自投闭锁。申请解除 1 号主变压器Ⅰ套差动保护，用乙一线 191 断路器对 110kV 母线及 1 号、3 号主变压器充电。依调度指令合上 19A8、19C8 中性点接地刀闸，合上乙一线 191 断路器充电正常后断开 19A8、19C8 中性点接地刀闸。

（4）申请恢复 10kV 正常运行方式。依调度指令恢复 10kV 正常运行方式。

（5）乙二线 193 线路经抢修完成充电正常后，110kV 采用分列运行方式，此时 110kV 备投失去，10kV 备投仍正常运行。

6. 案例要点分析

合并单元采样异常后，发送的电压、电流等采样数据均为无效数据（采样板故障，影响本间隔电压电流采样，不影响转发的其他间隔采样数据）。110kV 乙一线 191 合智一体装置（Ⅰ套）采样异常，1 号主变压器Ⅰ套保护由于接收到乙一线 191 合智一体装置（Ⅰ套）发送的 191 间隔电流无效数据造成差动保护功能闭锁，110kV 备自投保护由于接收到乙一线 191 合智一体装置（Ⅰ套）发送的乙一线 191 线路电压无效数据造成备自投保护判断 110kV 乙一线 191 线路 TV 断线，110kV 备自投满足放电条件而放电。

乙二线 193 线路（混缆线路）故障后对侧断路器跳闸未重合，而 110kV 备自投由于放电无法动作，造成仿真三变电站全站失电压。应先对 110kV 乙一线 191 合智一体装置（Ⅰ套）重启一次，无论是否恢复正常均应从乙一线 191 线路对仿真三变电站设备充电正常后恢复正常运行方式。由于此时 110kV 乙一线 191 合智一体装置（Ⅱ套）仍正常，因此 1 号主变压器Ⅱ套保护功能正常，可以恢复 1 号主变压器运行，但 1 号主变压器恢复运行前应解除被闭锁的Ⅰ套差动保护。

正常运行中出现进线合并单元Ⅰ套采样异常时，由于此时 110kV 备自投已失效，若无法恢复合并单元正常运行，应倒换运行方式将 110kV 分列运行，分列运行时若其中一条进线发生故障，10kV 备自投仍会动作避免负荷损失。若处于热备用的乙一线 191 线路合并单元Ⅰ套采样异常时，应立即采取措施避免采样异常的乙一线 191 合并单元Ⅰ套无效电流数据影响 1 号主变压器Ⅰ套保护。建议采用退出Ⅰ套差动保护的方式，尽量避免使用解除 1 号主变压器Ⅰ套保护接收乙一线 191SV 连接片的方式。因为采用解除 1 号主变压器Ⅰ套保护接收乙一线 191SV 连接片的方式虽可使 1 号主变压器保护在现有运行方式下避免闭锁，但在调控中心或运维人员调整运行方式手动将乙一线 191 断路器合上时，1 号主变压器Ⅰ套差动保护将会误动跳闸。

案例 4　仿真三变电站 110kV 主变压器本体合并单元Ⅰ套故障

1. 主接线运行方式

仿真三变电站 110kV 乙一线 191 断路器、乙二线 193 断路器、Ⅱ～Ⅲ内桥 19K 断路器运行，Ⅰ～Ⅱ内桥 19M 断路器热备用。1 号、3 号主变压器运行。10kV 单母线分列运行。19A8、19C8 中性点接地刀闸在分。1 号主变压器负荷 41MW（额定 63MVA），3 号主变压器负荷 42MW（额定 63MVA）。

2. 保护配置情况

主变压器配置两套金智科技 iPACS-5941D 保护，乙一线 191、乙二线 193、Ⅰ～Ⅱ内桥 19M、Ⅱ～Ⅲ内桥 19K 各配置两套 PRS-7395 深瑞合智一体装置；110kV 配置一套金智科技 iPACS-5731 备自投保护；10kV Ⅰ、Ⅵ段母线、Ⅱ、Ⅴ段母线分别配置一套金智科技 iPACS-5763D 备自投保护。10kV 备自投过负荷联切的电流取自 1 号主变压器本体Ⅰ套合并单元发送的 1 号主变压器高压侧 B 相套管电流。

3. 事故概况

（1）事故起因：1 号主变压器本体Ⅰ套合并单元故障，110kVⅢ段母线 TV

故障。

（2）具体报文信息见表1–4。

表1–4　　　　　　　　报　文　信　息

序号	时　间	报　文　信　息
1	10:00:00.000	1号主变压器本体合并单元（Ⅰ套）装置异常
2	10:00:00.000	1号主变压器iPACS5941D（Ⅰ套）高侧间隙或零流异常
3	10:00:00.000	1号主变压器iPACS5776D110kV侧测控接收1号主变本体合并单元（Ⅰ套）SV中断
4	10:00:00.000	1号主变压器iPACS5941D（Ⅰ套）接收1号主变本体合并单元（Ⅰ套）SV中断
5	10:30:00.000	3号主变压器iPACS5941D（Ⅰ套）保护起动
6	10:30:00.000	3号主变压器iPACS5941D（Ⅱ套）保护起动
7	10:30:00.000	3号主变压器iPACS5941D（Ⅰ套）比率差动动作
8	10:30:00.000	3号主变压器iPACS5941D（Ⅰ套）差动速断动作
9	10:30:00.000	3号主变压器iPACS5941D（Ⅰ套）保护动作
10	10:30:00.030	3号主变压器10kV侧99C 合位—分
11	10:30:00.030	3号主变压器10kV侧99C 分位—合
12	10:30:00.030	3号主变压器10kV侧99F 合位—分
13	10:30:00.030	3号主变压器10kV侧99F 分位—合
14	10:30:00.030	乙二线193 合位—分
15	10:30:00.030	乙二线193 分位—合
16	10:30:00.030	110kV母线测控Ⅲ段母线电压丢失
17	10:30:00.030	10kV公用信号Ⅴ母计量电压消失
18	10:30:00.030	10kV公用信号Ⅵ母计量电压消失
19	10:30:03.030	10kV公用信号iPACS5763DⅡ～Ⅴ母备自投，自投跳电源2（3号主变10kV侧99C）
20	10:30:03.030	10kV公用信号iPACS5763DⅠ～Ⅵ母备自投，自投跳电源2（3号主变10kV侧99F）
21	10:30:03.130	10kV公用信号iPACS5763DⅡ～Ⅴ母备自投，自投合分段（10kVⅡ～Ⅴ段母分99M）
22	10:30:03.130	10kV公用信号iPACS5763DⅠ～Ⅵ母备自投，自投合分段（10kVⅠ～Ⅵ段母分99W）
23	10:30:03.170	10kVⅡ～Ⅴ段母分99M 分位—分

续表

序号	时 间	报 文 信 息
24	10:30:03.170	10kV Ⅱ～Ⅴ段母分 99M 合位—合
25	10:30:03.170	10kV Ⅰ～Ⅵ段母分 99W 分位—分
26	10:30:03.170	10kV Ⅰ～Ⅵ段母分 99W 合位—合
27	10:30:03.170	10kV 公用信号Ⅴ母计量电压消失—复归
28	10:30:03.170	10kV 公用信号Ⅵ母计量电压消失—复归
29	10:30:08.170	1 号主变压器 iPACS5941D（Ⅰ套）高压侧过负荷告警
30	10:30:08.170	1 号主变压器 iPACS5941D（Ⅰ套）低压侧过负荷告警
31	10:30:08.170	1 号主变压器 iPACS5941D（Ⅱ套）高压侧过负荷告警
32	10:30:08.170	1 号主变压器 iPACS5941D（Ⅱ套）低压侧过负荷告警

4. 报文分析判断

从报文 1～4 "1 号主变压器本体合并单元（Ⅰ套）装置异常""1 号主变压器 iPACS5941D（Ⅰ套）高侧间隙或零流异常""1 号主变压器 iPACS5776D110kV 侧测控接收 1 号主变压器本体合并单元（Ⅰ套）SV 中断""1 号主变压器 iPACS5941D（Ⅰ套）接收 1 号主变压器本体合并单元（Ⅰ套）SV 中断"可得知，10:00:00 1 号主变压器本体合并单元（Ⅰ套）装置异常，1 号主变压器Ⅰ套保护无法接收到高压侧间隙电流、零序电流采样数据，1 号主变压器Ⅰ套保护间隙、零序过电流保护功能闭锁。10kV 备自投过负荷联切功能丢失。

10:30:00 系统发生故障，3 号主变压器差动保护动作。约 30ms 后乙二线 193、3 号主变压器 10kV 侧 99C、3 号主变压器 10kV 侧 99F 断路器跳闸，3s 后 10kV Ⅰ～Ⅵ母备自投、Ⅱ～Ⅴ母备自投保护动作，0.1s 后 10kV 母分 99M、99W 断路器合上，5s 后 1 号主变压器过负荷告警。事故造成 110kV Ⅱ、Ⅲ段母线失电压，3 号主变压器失电压。10kV 由于备自投成功未损失负荷，但造成 1 号主变压器过负荷约 1.3 倍。

5. 处理参考步骤

（1）阅读并分析报文、检查相关保护和设备。

（2）1 号主变压器过负荷 1.3 倍，按照限电序位表拉荷直至主变压器负荷低于额定负荷。汇报调度。

（3）检查现场设备发现 110kV Ⅲ段母线 TV GIS 气室温度较其余气室高，SF$_6$取气分析 SO$_2$超标，断开 110kV Ⅲ段母线 TV 19M9 刀闸隔离故障点。

（4）汇报调度，申请对 110kV Ⅱ、Ⅲ段母线及 3 号主变压器充电。依调度指令投入母联 19M 断路器过电流保护，合上 19C8 中性点接地刀闸，合上母联 19M 断路器充电正常后解除母联 19M 断路器过电流保护，断开 19C8 中性点接地刀闸。

（5）将 110kV Ⅲ段母线 TV 汇控柜上电压切换把手切换至"Ⅲ母强制取Ⅰ母"位置。

（6）根据调度指令恢复 10kV 正常运行方式。两台主变压器总负荷超单台主变压器额定负荷时，根据调度指令解除 10kV Ⅰ～Ⅵ母备自投或Ⅱ～Ⅴ母备自投保护。

6. 案例要点分析

合并单元故障后，无法正常接收、发送电压、电流等采样数据。1 号主变压器本体Ⅰ套合并单元故障后，1 号主变压器Ⅰ套保护无法接收到高压侧间隙电流、零序电流采样数据，造成 1 号主变压器Ⅰ套保护间隙、零序过电流保护功能闭锁。此外，由于 10kV 备自投过负荷联切的电流为 1 号主变压器本体Ⅰ套合并单元发送的 1 号主变压器高压侧 B 相套管电流，由于 1 号主变压器本体Ⅰ套合并单元故障，造成 10kV Ⅰ～Ⅵ母备自投、Ⅱ～Ⅴ母备自投保护中备自投方式 4（跳 3 号主变压器 10kV 侧，合母分）的过负荷联切功能失效。

110kV Ⅲ段母线 TV 故障后，3 号主变压器差动保护跳闸，10kV Ⅰ～Ⅵ母备自投、Ⅱ～Ⅴ母备自投动作成功，造成 1 号主变压器过载，过载超 1.3 倍时，应按照限电序位表拉荷后汇报调度，若过载未超 1.3 倍，应立即汇报调度限制负荷，消除 1 号主变压器过负荷状态。否则，在高压侧电压发生异常时，可能造成高压侧复压过电流保护误动作。

正常运行时，110kV 母线Ⅰ、Ⅱ套合并单元同时取 110kV Ⅰ、Ⅲ母电压，3 号主变压器Ⅰ、Ⅱ套保护分别接收 110kV 母线Ⅰ、Ⅱ套合并单元的Ⅲ母电压采样数据。当 110kV Ⅲ段母线 TV 隔离后，110kV 母线Ⅰ、Ⅱ套合并单元中接收到的Ⅲ母电压为零，在恢复 3 号主变压器送电时为保证 3 号主变压器 110kV 侧电压采样，应合上 19M 断路器，将 110kV Ⅲ段母线 TV 汇控柜上电压切换把手切换至"Ⅲ母强制取Ⅰ母"位置。"Ⅲ母强制取Ⅰ母"位置在 19M、19K 断路器及两侧刀闸均在合位、19M5 刀闸在合位时生效，使 110kV 母线Ⅰ、Ⅱ套合并单元将Ⅰ母电压采样作为Ⅲ母电压采样传送至对应智能装置，确保 3 号主变压器 110kV 侧电压采样数据正常。

正常运行中出现 1 号主变压器本体 I 套合并单元故障时，应立即汇报调度，告知 10kV I～VI 母备自投及 II－V 母备自投保护中备自投方式 4 的过负荷联切功能失效，应监视并限制主变压器负荷，根据需要退出 10kV I～VI 母备自投或 II～V 母备自投。

案例 5　仿真一变电站 220kV 线路 TA 远端模块故障

1. 主接线运行方式

仿真一变电站 220kV 双母线并列运行，甲一线 261、1 号主变压器 26A 断路器接 I 段母线运行，甲二线 264、2 号主变压器 26B 断路器接 II 段母线运行。110kV 双母线并列运行，乙一线 161、1 号主变压器 16A 接 I 段母线运行，乙二线 164、2 号主变压器 16B 接 II 段母线运行。10kV 单母线分列运行。26B8、16A8、16B8 中性点接地刀闸在合。

2. 保护配置情况

220kV 线路配置 PCS902GC、PSL603U 保护各一套、双合并单元、双智能终端；主变压器配置两套 PST-1200 保护、双合并单元、双智能终端；110kV 母差保护配置一套 PCS-915 母差保护；110kV 线路配置四方 CSC161A 测控保护一体化装置一套。220kV 及 110kV 各间隔采用电子式电压电流互感器。

3. 事故概况

（1）事故起因：甲一线 261 线路 EVCT 两个远端模块电源先后故障，220kV I 段母线故障。

（2）具体报文信息见表 1-5。

表 1-5　　　　　　　　　　　报　文　信　息

序号	时　间	报　文　信　息
1	10:00:00.000	220kV 甲一线 261 EVCT 远端模块（I 套）电源空气断路器跳开
2	10:00:00.000	220kV 甲一线 261 合并单元（I 套）装置告警
3	10:00:00.000	220kV 公用信号 PCS915 母差保护（I 套）接收甲一线 261 合并单元（I 套）采样数据无效
4	10:00:00.000	220kV 甲一线 261PCS902GC 保护电流采样无效
5	10:00:00.000	220kV 甲一线 261PCS902GC 保护电压采样无效
6	10:03:00.000	220kV 甲一线 261 EVCT 远端模块（II 套）电源空气断路器跳开

序号	时　间	报　文　信　息
7	10:03:00.000	220kV 甲一线 261 合并单元（Ⅱ套）装置告警
8	10:03:00.000	220kV 公用信号 PCS915 母差保护（Ⅱ套）接收甲一线 261 合并单元（Ⅱ套）采样数据无效
9	10:03:00.000	220kV 甲一线 261PSL603U 电流采样异常闭锁保护
10	10:30:00.000	甲二线 264 线路 902C 保护起动
11	10:30:00.000	甲二线 264 线路 603U 保护起动
12	10:30:00.000	1 号主变压器 PST–1200 第一套后备保护起动
13	10:30:00.000	1 号主变压器 PST–1200 第二套后备保护起动
14	10:30:00.000	2 号主变压器 PST–1200 第一套后备保护起动
15	10:30:00.000	2 号主变压器 PST–1200 第二套后备保护起动
16	10:30:01.330	220kV Ⅰ 段母线电压越限告警
17	10:30:01.330	220kV Ⅰ 段母线计量电压消失
18	10:30:01.330	220kV Ⅱ 段母线电压越限告警
19	10:30:01.330	220kV Ⅱ 段母线计量电压消失
20	10:30:01.330	110kV Ⅰ 段母线电压越限告警
21	10:30:01.330	110kV Ⅰ 段母线计量电压消失
22	10:30:01.330	110kV Ⅱ 段母线电压越限告警
23	10:30:01.330	110kV Ⅱ 段母线计量电压消失
24	10:30:01.330	10kV Ⅰ 段母线电压越限告警
25	10:30:01.330	10kV Ⅰ 段母线计量电压消失
26	10:30:01.330	10kV Ⅱ 段母线电压越限告警
27	10:30:01.330	10kV Ⅱ 段母线计量电压消失
28	10:30:01.330	400V 公用信号 Ⅰ 段交流馈线屏 1 号进线电压过低
29	10:30:01.330	400V 公用信号 Ⅰ 段交流馈线屏 2 号进线电压过低
30	10:30:01.330	400V 公用信号 Ⅱ 段交流馈线屏 1 号进线电压过低
31	10:30:01.330	400V 公用信号 Ⅱ 段交流馈线屏 2 号进线电压过低

4. 报文分析判断

从报文 1～5 "220kV 甲一线 261 EVCT 远端模块（Ⅰ套）电源空气断路器

跳开""220kV甲一线261合并单元（Ⅰ套）装置告警""220kV公用信号PCS915母差保护（Ⅰ套）接收甲一线261合并单元（Ⅰ套）采样数据无效""220kV甲一线261PCS902GC保护电流采样无效""220kV甲一线261PCS902GC保护电压采样无效"可得知，10:00:00 220kV甲一线261 EVCT远端模块（Ⅰ套）电源空气断路器跳开，甲一线261合并单元（Ⅰ套）电流电压采样数据无效，220kV第一套母差保护、甲一线261线路902保护闭锁。从报文6～9"220kV甲一线261 EVCT远端模块（Ⅱ套）电源空气断路器跳开""220kV甲一线261合并单元（Ⅱ套）装置告警""220kV公用信号PCS915母差保护（Ⅰ套）接收甲一线261合并单元（Ⅱ套）采样数据无效""220kV甲一线261PSL603U电流采样异常闭锁保护"可得知，10:03:00 220kV甲一线261 EVCT远端模块（Ⅱ套）电源空气断路器跳开，甲一线261合并单元（Ⅱ套）电流电压采样数据无效，220kV第二套母差保护、甲一线261线路603保护闭锁。

10:30:00系统发生故障，各类保护起动，1.3s后仿真一变电站全站失电压。

5. 处理参考步骤

（1）阅读并分析报文、检查相关保护和设备。未发现明显故障点。

（2）断开失电压的220、110、10kV断路器。试送甲一线261间隔两套EVCT远端模块电源空气断路器无效，解除220kV两套母差保护上甲一线261间隔投入连接片，将甲一线261断路器转冷备用。查阅甲一线261、甲二线264对侧线路保护动作情况均为Ⅱ段保护动作。汇报调度，申请对甲二线264线路充电，根据调度指令合上甲二线264对侧断路器对甲二线264线路充电正常后断开甲二线264对侧断路器。

（3）汇报调度，申请对220kVⅡ段母线充电，根据调度指令将1号主变压器高压侧26A断路器转接220kVⅡ段母线热备用，合上甲二线264断路器，合上甲二线264对侧断路器充电正常。

（4）汇报调度，申请对220kVⅠ段母线充电。依调度指令投入母联26M断路器过电流保护，合上母联26M断路器，母联26M断路器过电流保护动作跳闸。

（5）汇报调度220kVⅠ段母线故障，申请恢复1、2号主变压器及所接负荷运行。根据调度指令恢复1、2号主变压器，恢复110、10kV系统正常运行方式。将220kVⅠ段母线转检修处理故障。

6. 案例要点分析

TA远端模块故障后，无法正常采集、发送电流采样数据。甲一线261间隔两套TA远端模块先后故障后，造成甲一线261间隔两套合并单元电流采样数据无效,闭锁甲一线 261 线路保护及 220kV 两套母差保护。220kV I、II 段母线故障、甲一线 261 线路故障均可能造成甲一线 261、甲二线 264 对侧断路器跳闸,仿真一变电站全站失电压。此时,可从甲一线 261、甲二线 264 对侧保护动作情况分析故障点可能位置,若甲一线 261 线路为 I 段保护动作,则故障点可能在甲一线 261 线路上,可同时对 220kV I、II 段母线充电正常后恢复正常运行方式。

恢复送电时,由于甲一线 261TA 电流采样无效,不得恢复甲一线 261 断路器运行。为确保 220kV 母差保护正常功能,应在恢复送电前解除 220kV 两套母差保护上甲一线 261 间隔投入连接片。

判断故障点可能在 220kV I、II 段母线上时,由于无人值班变电站到站时间较长难以通过红外检测等方式判断故障点时,应通过正常的甲二线 264 线路对母线分别充电,充电前应将需恢复运行间隔全部倒至待充电母线上一起充电,避免恢复运行时由于间隔倒母操作时将故障点倒至运行母线造成事故。

案例 6　仿真二变电站 220kV 内桥断路器合并单元 I 套故障

1. 主接线运行方式

仿真二变电站 220kV 为内桥接线方式,220kV 甲一线 271 断路器、甲二线 272 断路器、母联 27M 断路器运行,1 号主变压器检修开展一次设备首检及主变压器保护缺陷处理工作。2 号主变压器供 110kV I、II 段母线及 10kV I、II 段母线运行。27B8、17B8 中性点接地刀闸在合。

2. 保护配置情况

220kV 线路配置 PCS-931、CSC-103 两套线路保护,两套合并单元和智能终端。主变压器配置两套 PCS-978 保护,220kV 断路器配置 PCS921 和 CSC121 两套断路器保护,实现重合闸和失灵功能。220kV 母线配置两套 PCS922 短引线保护。110kV 线路保护配置一套 PCS-941 保护,110kV 母线配置一套 SGB-750 母差保护。保护均采用直采直跳方式,跨间隔的跳合闸和联闭锁采用组网传输。220kV 甲一线、甲二线均为混缆线路不投重合闸。

3. 事故概况

(1)事故起因:220kV I 母第二套短引线保护、220kV 母联 27M 断路器合并单元 I 套先后故障,220kV I 段母线故障。

(2)具体报文信息见表 1-6。

表 1-6　　　　　　　　　　　　报　文　信　息

序号	时　间	报　文　信　息
1	10:00:00.000	PCS922 Ⅰ 母短引线（Ⅱ套）保护装置闭锁
2	10:15:00.000	220kV 母联 27M 合并单元（Ⅰ套）装置异常
3	10:15:00.000	PCS922 Ⅰ 母短引线（Ⅰ套）收母联 27M 合并单元（Ⅰ套）SV 中断
4	10:15:00.000	PCS922 Ⅱ 母短引线（Ⅰ套）收母联 27M 合并单元（Ⅰ套）SV 中断
5	10:15:00.000	2 号主变压器 PCS978GE-D（Ⅰ套）接收母联 27M 第Ⅰ套合并单元 SV 中断
6	10:30:00.000	2 号主变压器 PCS978GE-D（Ⅰ套）保护起动
7	10:30:00.000	2 号主变压器 PCS978GE-D（Ⅱ套）保护起动
8	10:30:01.030	220kV Ⅰ 段母线电压越限告警
9	10:30:01.030	220kV Ⅰ 段母线计量电压消失
10	10:30:01.030	220kV Ⅱ 段母线电压越限告警
11	10:30:01.030	220kV Ⅱ 段母线计量电压消失
12	10:30:01.030	110kV Ⅰ 段母线电压越限告警
13	10:30:01.030	110kV Ⅰ 段母线计量电压消失
14	10:30:01.030	110kV Ⅱ 段母线电压越限告警
15	10:30:01.030	110kV Ⅱ 段母线计量电压消失
16	10:30:01.030	10kV Ⅰ 段母线电压越限告警
17	10:30:01.030	10kV Ⅰ 段母线计量电压消失
18	10:30:01.030	10kV Ⅱ 段母线电压越限告警
19	10:30:01.030	10kV Ⅱ 段母线计量电压消失
20	10:30:01.030	400V Ⅰ 段交流母线欠电压
21	10:30:01.030	400V Ⅱ 段交流母线欠电压

4. 报文分析判断

从报文 1～5 "PCS922 Ⅰ 母短引线（Ⅱ套）保护装置闭锁" "母联 27M 合并单元（Ⅰ套）装置异常" "PCS922 Ⅰ 母短引线（Ⅰ套）收母联 27M 合并单元（Ⅰ套）SV 中断" "PCS922 Ⅱ 母短引线（Ⅰ套）收母联 27M 合并单元（Ⅰ套）SV 中断" "2 号主变压器 PCS978GE-D（Ⅰ套）接收母联 27M 第Ⅰ套合并单元 SV 中断" 可得知，10:00:00 220kV Ⅰ 段母线短引线（Ⅱ套）保护装置闭锁，10:15:00

母联 27M 合并单元（Ⅰ套）装置异常，2 号主变压器Ⅰ套保护、220kVⅠ母短引线（Ⅰ套）保护无法接收到母联 27M 断路器电流采样数据，2 号主变压器Ⅰ套差动保护、220kVⅠ母短引线（Ⅰ套）保护闭锁。

10:30:00 系统发生故障，1s 后仿真二变电站全站失电压。由于本侧没有保护动作的信号，对侧两条线路均跳闸，判断事故的可能原因有：① 220kV 甲一线或甲二线故障，对应线路保护均拒动；② 220kVⅠ段母线故障，220kVⅠ段母线短引线保护拒动；③ 220kVⅡ段母线或 2 号主变压器故障，2 号主变压器差动保护拒动。由于 220kVⅠ段母线短引线Ⅱ套保护装置闭锁，220kVⅠ段母线短引线Ⅰ套保护装置由于无法接收到 27M 断路器电流采样数据也闭锁，判断第 2 种可能性最大。由于 2 号主变压器第Ⅰ套差动保护因无法接收到 27M 断路器电流采样数据闭锁，仅余第Ⅱ套保护，第 3 种可能性其次。

5. 处理参考步骤

（1）阅读并分析报文、检查相关保护和设备。检查站内设备未发现明显故障点。

（2）断开母联 27M 断路器，解除 2 号主变压器Ⅰ套保护接收母联 27M 合并单元（Ⅰ套）SV 连接片，解除 220kVⅠ段母线短引线保护接收母联 27M 合并单元（Ⅰ套）SV 连接片。

（3）断开 2 号主变压器中压侧 17B、低压侧 67B 断路器。

（4）汇报调度，申请对 220kVⅡ段母线及 2 号主变压器充电。依调度指令合上甲二线 272 断路器，断开甲一线 271 断路器，用甲二线 272 对侧断路器充电正常。

（5）合上 17B、67B 断路器恢复系统正常运行方式。

（6）汇报调度，申请对甲一线充电，用甲一线 271 对侧断路器对线路充电正常后断开。汇报调度，申请对 220kVⅠ段母线充电，依调度指令合上甲一线 271 断路器后，用甲一线 271 对侧断路器充电，对侧断路器后加速跳闸。将 220kVⅠ段母线转检修。

6. 案例要点分析

合并单元故障后，无法正常接收、发送电压、电流等采样数据。母联 27MⅠ套合并单元故障后，对应 1 号主变压器Ⅰ套保护、2 号主变压器Ⅰ套保护、220kVⅠ母短引线Ⅰ套保护、Ⅱ母短引线Ⅰ套保护均无法接收到 27M 断路器电流采样数据，根据系统运行方式应起作用的 220kVⅠ段母线短引线Ⅰ套保护、2 号主变压器差动保护功能闭锁。

仿真二变电站全站失电压后，根据判断可能性大小应对 220kV 母线充电，为防止母联 27M 合并单元 I 套采样对其他保护造成影响，应断开母联 27M 断路器，解除其他保护接收母联 27M 合并单元（I 套）的 SV 连接片，再对两段母线分别充电。充电时，应先对 220kV II 段母线充电，若充电正常可以尽快恢复供电。

正常运行中，当双重化配置的一套保护装置出现异常后，若发生某个间隔合并单元异常影响另一套保护装置的正常功能时，应立即汇报调度，采取转换运行方式等方法避免产生保护拒动等影响，必要时应尽快到现场解除其他正常运行保护接收故障合并单元的 SV 连接片。以本案例故障前的运行方式为例，应及时调整运行方式，断开母联 27M 断路器，并做好母联 27M 防误合措施后解除 2 号主变压器 I 套保护接收母联 27M 合并单元（I 套）SV 连接片，恢复 2 号主变压器差动保护的正常运行，以防该类事故发生时造成全站失电压。

案例 7　仿真二变电站 110kV 母线合并单元 I 套故障

1. 主接线运行方式

仿真二变电站 220kV 为内桥接线方式，220kV 甲一线 271 断路器、甲二线 272 断路器、内桥母联 27M 断路器运行，1 号主变压器检修开展主变压器本体缺陷处理工作。110kV I、II 段母线分列运行，110kV II 段母线接 2 号主变压器 17B、乙二线 176、乙四线 178 断路器运行，乙一线 175 线路倒送 110kV I 段母线送乙三线 177 线路运行。2 号主变压器带 10kV I、II 段母线运行。2 号主变压器 27B8、17B8 中性点接地刀闸在合。

2. 保护配置情况

220kV 线路配置 PCS-931、CSC-103 两套线路保护，两套合并单元和智能终端。主变压器配置两套 PCS-978 保护，220kV 断路器配置 PCS921 和 CSC121 两套断路器保护，实现重合闸和失灵功能。220kV 母线配置两套 PCS922 短引线保护。110kV 线路保护配置一套 PCS-941 保护，110kV 母线配置一套 SGB-750 母差保护。保护均采用直采直跳方式，跨间隔的跳合闸和联闭锁采用组网传输。220kV 甲一线、甲二线均为混缆线路不投重合闸。110kV 均为电缆线路不投重合闸。

3. 事故概况

（1）事故起因：110kV 母线合并单元 I 套故障，110kV 乙三线 177 线路三相故障。

（2）具体报文信息见表 1-7。

表1–7　　　　　　　　　　　　报　文　信　息

序号	时　间	报　文　信　息
1	10:00:00.000	110kV 母线合并单元（Ⅰ套）采样异常
2	10:00:00.000	110kV 乙一线 175 合智一体接收母线合并单元 SV 告警
3	10:00:00.000	110kV 乙三线 177 合智一体接收母线合并单元 SV 告警
4	10:00:00.000	1 号主变压器 110kV 侧合智一体（Ⅰ套）接收母线合并单元 SV 告警
5	10:00:00.000	2 号主变压器 110kV 侧合智一体（Ⅰ套）接收母线合并单元 SV 告警
6	10:00:00.000	110kV 母差保护 SG750 电压通道采样数据异常
7	10:00:00.000	110kV Ⅰ 段母线计量电压消失
8	10:00:01.250	1 号主变压器 PCS978GE–D（Ⅰ套）中压侧 TV 异常
9	10:00:01.250	2 号主变压器 PCS978GE–D（Ⅰ套）中压侧 TV 异常
10	10:00:01.250	110kV 乙一线 175 PCS941A–DM 保护 TV 断线
11	10:00:01.250	110kV 乙三线 177PCS941A–DM 保护 TV 断线
12	10:00:10.000	110kV 母差保护 SG750 Ⅰ 母 TV 断线
13	10:00:10.000	110kV 母差保护 SG750 Ⅱ 母 TV 断线
14	10:30:00.000	110kV 乙一线 175 PCS941A–DM 保护起动
15	10:30:00.000	110kV 乙三线 177PCS941A–DM 保护起动
16	10:30:02.300	110kV 乙三线 177PCS941A–DM TV 断线过电流 Ⅰ 段动作
17	10:30:02.300	110kV 乙一线 175 PCS941A–DM TV 断线过电流 Ⅰ 段动作
18	10:30:02.330	110kV 乙三线 177 断路器合位—分
19	10:30:02.330	110kV 乙三线 177 断路器分位—合
20	10:30:02.330	110kV 乙一线 175 断路器合位—分
21	10:30:02.330	110kV 乙一线 175 断路器分位—合

4. 报文分析判断

从报文 1～7 "110kV 母线合并单元（Ⅰ套）采样异常" "110kV 乙一线 175 合智一体接收母线合并单元 SV 告警" "110kV 乙三线 177 合智一体接收母线合并单元 SV 告警" "110kV 母差保护 SG750 电压通道采样数据异常" "110kV Ⅰ 段母线计量电压消失" 可得知，10:00:00 110kV 母线合并单元（Ⅰ套）采样异常。1.25s 后，110kV 乙一线 175、乙三线 177 保护 TV 断线，1、3 号主变压器

Ⅰ套保护中压侧 TV 断线，10s 后 110kV 母差保护 TV 断线。

10:30:00 系统发生故障，110kV 乙一线 175、乙三线 177、保护起动，2.3s 后，110kV 乙一线 175、乙三线 177 线路 TV 断线过电流Ⅰ段保护动作，约 30ms 后，110kV 乙一线 175、乙三线 177 断路器跳闸。由于乙一线 175 线路为电源线路，乙一线 175、乙三线 177 线路保护动作，判断事故最大可能为 110kV 乙三线三相故障，由于 110kV 母线合并单元（Ⅰ套）采样异常造成使用其电压采样的乙一线 175、乙三线 177 线路保护中 TV 断线过电流保护功能投入，另外由于三相故障造成线路的零序保护无法动作，短路电流流过的乙一线 175、乙三线 177 断路器同时跳闸。此外，由于 TV 断线过电流Ⅰ段时限大于乙一线 175 对侧线路相间距离Ⅱ段定值，判断故障点应该在乙一线 175 对侧线路保护的Ⅲ段保护范围。事故造成 110kVⅠ段母线失电压。

5. 处理参考步骤

（1）阅读并分析报文、检查相关保护和设备。

（2）汇报调度，110kV 母差保护电压闭锁开放，2 号主变压器第Ⅰ套中压侧复压过电流保护变为纯过电流保护，申请解除 2 号主变压器第Ⅰ套后备保护。解除申请对 110kVⅠ段母线充电。解除乙一线 175 线路本侧线路保护，合上乙一线 175 断路器，等待乙一线 175 对侧断路器充电正常。

（3）根据调度需要确定是否对乙三线 177 线路试送一次。

6. 案例要点分析

合并单元故障后，无法正常接收、发送电压、电流等采样数据。110kV 母线合并单元（Ⅰ套）采样异常后，按设计使用该合并单元采样的 110kV 母差保护、110kV 母联保护、乙一线 175、乙三线 177 线路保护均无法接收到母线电压采样数据，110kV 母线合并单元（Ⅰ套）通过 1 号主变压器及 2 号主变压器 110kV 侧合智一体（Ⅰ套）各自级联至 1 号主变压器及 2 号主变压器Ⅰ套保护的母线电压采样数据无效，造成 110kV 母差保护电压闭锁开放，1 号及 2 号主变压器Ⅰ套保护中压侧均变为纯过电流保护，110kV 线路保护 TV 断线，自动投入 TV 断线过电流保护。

110kV 母线失电压后，应解除倒供电线路本侧的线路保护后，对母线充电正常后恢复无故障线路正常运行。

正常运行中，当采用线路倒供方式运行时，宜解除倒供电线路本侧线路保护，避免系统故障时本侧保护误动造成事故扩大。

案例 8　仿真三变电站 110kV 线路合智一体装置 I 套故障

1. 主接线运行方式

仿真三变电站 110kV 为扩大内桥接线，110kV 乙一线 191 断路器、I～II 内桥 19M 断路器、II～III 内桥 19K 断路器运行，乙二线 193 断路器热备用。1 号主变压器接 I 段母线运行；3 号主变压器接III段母线运行。主变压器中性点刀闸均在断开位置，主变压器 10kV 侧配置双分支断路器。10kV 设置四段母线，1 号主变压器低压侧 99A、99D 断路器分别接 I 段母线和 II 段母线运行；2 号主变压器低压侧 99C、99F 断路器分别接V段母线和VI段母线运行，I、VI 段母线间配置母联断路器 99W；II、V 段母线间配置母联断路器 99M，正常运行均在热备用。

2. 保护配置情况

主变压器配置两套金智科技 iPACS–5941D 保护，乙一线 191、乙二线 193、I～II 内桥 19M、II～III 内桥 19K 各配置两套 PRS–7395 深瑞合智一体装置；110kV 配置一套金智科技 iPACS–5731 备自投保护；10kV I、VI 段母线、II、V 段母线分别配置一套金智科技 iPACS–5763D 备自投保护。主变压器高压侧复压过电流保护选取主变压器高压侧套管 TA。对侧配置一套 PSL621U 线路保护（混缆线路重合闸退出）。

3. 事故概况

（1）事故起因：乙一线 191 合智一体装置 I 套电源故障；乙一线 191 线路发生永久性故障。

（2）具体报文信息见表 1–8。

表 1–8　　　　　　　　报　文　信　息

序号	时　间	报　文　信　息
1	10:00:00.000	110kV 乙一线 191 合智一体（I 套）装置失电
2	10:00:00.000	110kV 公用信号 iPACS5731D 备自投装置闭锁
3	10:00:00.000	1 号主变压器 iPACS5941D（I 套）接收 110kV 乙一线 191 合智一体（I 套）SV 中断
4	10:00:00.000	1 号主变压器 iPACS5941D（I 套）电流异常闭锁差动
5	10:00:00.000	1 号主变压器 iPACS5941D（I 套）高压侧电流数据异常（110kV 乙一线 191 断路器）
6	10:00:00.000	1 号主变压器 iPACS5941D（I 套）高压侧电压异常

续表

序号	时 间	报 文 信 息
7	10:30:00.000	1 号主变压器 iPACS5941D（Ⅰ套）保护起动
8	10:30:00.000	1 号主变压器 iPACS5941D（Ⅱ套）保护起动
9	10:30:00.000	3 号主变压器 iPACS5941D（Ⅰ套）保护起动
10	10:30:00.000	3 号主变压器 iPACS5941D（Ⅱ套）保护起动
11	10:30:00.030	110kV 母线测控Ⅰ段母线电压丢失
12	10:30:00.030	110kV 母线测控Ⅲ段母线电压丢失
13	10:30:00.030	10kV 公用信号Ⅰ母计量电压消失
14	10:30:00.030	10kV 公用信号Ⅱ母计量电压消失
15	10:30:00.030	10kV 公用信号Ⅴ母计量电压消失
16	10:30:00.030	10kV 公用信号Ⅵ母计量电压消失
17	10:30:00.030	400V 公用信号 1 号交流进线屏Ⅰ段母线电压异常
18	10:30:00.030	400V 公用信号 2 号交流进线屏Ⅱ段母线电压异常
19	10:30:01.330	10kV2 号电容器 929 iPACS5751 低电压动作
20	10:30:01.330	10kV6 号电容器 969 iPACS5751 低电压动作
21	10:30:01.330	10kV1 号电容器 919 iPACS5751 低电压动作
22	10:30:01.330	10kV5 号电容器 959 iPACS5751 低电压动作
23	10:30:01.370	10kV2 号电容器 929 合位—分
24	10:30:01.370	10kV2 号电容器 929 分位—合
25	10:30:01.370	10kV6 号电容器 969 合位—分
26	10:30:01.370	10kV6 号电容器 969 分位—合
27	10:30:01.370	10kV1 号电容器 919 合位—分
28	10:30:01.370	10kV1 号电容器 919 分位—合
29	10:30:01.370	10kV5 号电容器 959 合位—分
30	10:30:01.370	10kV5 号电容器 959 分位—合

4. 报文分析判断

从报文 1～6 "110kV 乙一线 191 合智一体（Ⅰ套）装置失电""110kV 公用信号 iPACS5731D 备自投装置闭锁""1 号主变压器 iPACS5941D（Ⅰ套）接收 110kV 乙一线 191 合智一体（Ⅰ套）SV 中断""1 号主变压器 iPACS5941D（Ⅰ套）电流异常闭锁差动""1 号主变压器 iPACS5941D（Ⅰ套）高压侧电流数

据异常（110kV 乙一线 191 断路器）""1 号主变压器 iPACS5941D（Ⅰ套）高压侧电压异常"可得知，10:00:00 110kV 乙一线 191 合智一体（Ⅰ套）装置失电，由于乙一线 191 间隔采样数据异常，造成 1 号主变压器Ⅰ套保护差动保护功能闭锁，110kV 备自投装置闭锁。

10:30:00 系统发生故障，各类保护起动。110kVⅠ、Ⅱ、Ⅲ段母线、10kVⅠ、Ⅱ、Ⅴ、Ⅵ段母线、400V 母线失电压。1.3s 后 10kV1、2、5、6 号电容器保护低电压动作，约 40ms 后 1 号电容器 919、2 号电容器 929、5 号电容器 959、6 号电容器 969 跳闸。事故造成仿真三变电站全站失电压。

事故的可能原因：① 乙一线 191 线路故障，110kV 备自投因闭锁拒动；② 1 号主变压器或 110kVⅠ段母线故障，1 号主变压器两套差动保护均拒动；③ 3 号主变压器或 110kVⅡ、Ⅲ段母线故障，3 号主变压器两套差动保护均拒动。第 1 种可能性最大。

5. 处理参考步骤

（1）阅读并分析报文、检查相关保护和设备。

（2）试送 110kV 乙一线 191 合智一体装置（Ⅰ套）无效。

（3）手动断开乙一线 191 断路器，断开失电压的 99C、99F、99A、99D 断路器。汇报调度，告知乙一线 191 合智一体装置Ⅰ套采样异常，1 号主变压器Ⅰ套保护差动保护功能闭锁，110kV 备自投闭锁。申请解除 1 号主变压器Ⅰ套差动保护。申请用乙二线 193 断路器对 110kV 母线及 1、3 号主变压器充电。依调度指令合上 19A8、19C8 中性点接地刀闸，合上乙二线 193 断路器充电正常后断开 19A8、19C8 中性点接地刀闸。

（4）申请恢复 10kV 正常运行方式。依调度指令恢复 10kV 正常运行方式。将乙一线 191 线路转检修处理。

（5）乙一线 191 线路经抢修完成充电正常后，110kV 采用分列运行方式，此时 110kV 备投失去，10kV 备投仍正常运行。

6. 案例要点分析

合并单元采样异常后，发送的电压、电流等采样数据均为无效数据。110kV 乙一线 191 合智一体装置（Ⅰ套）采样异常，1 号主变压器Ⅰ套保护由于接收到乙一线 191 合智一体装置（Ⅰ套）发送的乙一线 191 间隔电流无效数据造成差动保护功能闭锁，110kV 备自投保护由于接收到乙一线 191 合智一体装置（Ⅰ套）发送的乙一线 191 线路电压无效数据造成备自投保护判断 110kV 乙一线 191 线路 TV 断线。

乙一线 191 线路（纯电缆线路）故障后对侧断路器跳闸未重合，而 110kV 备自投由于接收到乙一线 191 间隔电流及转发的 110kV Ⅰ 段母线电压无效数据，满足放电条件放电，未能正确动作，造成仿真三变电站全站失电压。应先对 110kV 乙一线 191 合智一体装置（Ⅰ 套）重启一次，重启无效则应采用措施从机构断开拒动的乙一线 191 断路器（因测控装置通过乙一线 191 合智一体装置 Ⅰ 套合分闸）。从乙二线 193 线路对仿真三变电站设备充电正常后恢复正常运行方式。由于此时 110kV 乙一线 191 合智一体装置（Ⅱ 套）仍正常，因此 1 号主变压器 Ⅱ 套保护功能正常，可以恢复 1 号主变压器运行，但应解除 1 号主变压器 Ⅰ 套差动保护。

正常运行中出现进线合智一体装置 Ⅰ 套装置故障时，由于此时 110kV 备自投已失效，若无法恢复合并单元正常运行，应倒换运行方式将 110kV 分列运行，分列运行时若其中一条进线发生故障，10kV 备自投仍会动作避免负荷损失。若处于运行的乙一线 191 合智一体装置 Ⅰ 套装置故障时，应立即采取措施避免乙一线 191 合智一体 Ⅰ 套装置无效电流数据影响 1 号主变压器 Ⅰ 套保护，可解除 1 号主变压器 Ⅰ 套差动保护。

案例 9 仿真四变电站 220kV 线路两套合并单元故障

1. 主接线运行方式

仿真四变电站 500kV 采用 3/2 接线，丙二线与 2 号联络变压器成串运行，丙四线与丙一线成串运行，丙三线、3 号联络变压器半串运行。220kV 采用双母线双分段接线，四段母线环状运行。甲一线 211 断路器、甲三线 213 断路器接 Ⅰ 段母线运行；甲二线 212 断路器、甲四线 214 断路器、2 号联络变压器 21B 断路器接 Ⅱ 段母线运行；甲七线 223 断路器、甲五线 221 断路器、3 号联络变压器 22C 断路器接 Ⅲ 段母线运行；甲六线 222 断路器、甲八线 224 断路器接 Ⅳ 段母线运行。66kV 配置两段母线不设分段断路器，Ⅱ 段母线接 2 号联络变压器 61B 断路器、1 号所用变压器 621 断路器运行、4 号电抗器组 624 断路器、7 号电容器组 627 断路器、8 号电容器组 628 断路器在热备用。Ⅲ 段母线接 2 号联络变压器 61C 断路器、1 号所用变压器 631 断路器运行、6 号电抗器组 634 断路器、11 号电容器组 637 断路器、12 号电容器组 638 断路器在热备用。0 号所用变压器由外来电源供电。

2. 保护配置情况

500kV 线路配置 PCS931D、CSC103B 两套电流差动保护；500kV 每台断路器均配置两套 CSC-121 断路器保护；500kV 每段母线各配置两套 CSC-150 母差保护、联络变压器配置两套 CSC326/E 变压器电量保护和一套 JFZ600R 非电量保护（含智能终端）。220kV Ⅰ～Ⅱ段母线和Ⅲ～Ⅳ段母线各配置两套 CSC-150 母差保护，220kV 线路采用测保一体装置。甲五线 221、甲七线 223、甲八线 224、甲三线 213、甲四线 214 配置 CSC-103 线路保护和 PCS-902 线路保护；甲一线 211、甲二线 212 配置 PCS931 线路保护和 NSR-303 线路保护。500、220kV 每个间隔均配置两套合并单元、两套智能终端，保护采用直采直跳、跨间隔的跳合闸和联闭锁采用组网通信方式。

3. 事故概况

（1）事故起因：甲四线 214 两套合并单元均故障，甲四线 214 线路发生永久性 AB 相短路。

（2）具体报文信息见表 1–9。

表 1–9　　　　　　　　　报　文　信　息

序号	时　间	报　文　信　息
1	10:00:00.000	甲四线 214 合并单元 1 装置告警
2	10:00:00.000	甲四线 214 合并单元 1 采样异常
3	10:00:00.000	甲四线 214 合并单元 2 装置告警
4	10:00:00.000	甲四线 214 合并单元 2 采样异常
5	10:00:00.000	甲四线 214 CSC103B 采样异常
6	10:00:00.000	甲四线 214 CSC103B 采样异常闭锁
7	10:00:00.000	甲四线 214 PCS902G 采样异常
8	10:00:00.000	甲四线 214 PCS902G 电流采样异常
9	10:00:00.000	甲四线 214 PCS902G 电压采样异常
10	10:00:00.000	220kV Ⅰ～Ⅱ母第一套母差 CSC150E 214 电流采样中断
11	10:00:00.000	220kV Ⅰ～Ⅱ母第二套母差 CSC150E 214 电流采样中断
12	10:30:00.000	500kV 丙二线 CSC103B 线路保护起动
13	10:30:00.000	500kV 丙二线 PCS931D 线路保护起动
14	10:30:00.000	500kV 丙三线 CSC103B 线路保护起动
15	10:30:00.000	500kV 丙三线 PCS931D 线路保护起动
16	10:30:00.000	2 号联络变压器第一套 CSC326/E 变压器保护起动
17	10:30:00.000	2 号联络变压器第二套 CSC326/E 变压器保护起动

序号	时　间	报　文　信　息
18	10:30:00.000	3 号联络变压器第一套 CSC326/E 变压器保护起动
19	10:30:00.000	3 号联络变压器第二套 CSC326/E 变压器保护起动
20	10:30:00.000	220kV 甲五线 221CSC-103 线路保护起动
21	10:30:00.000	220kV 甲五线 221PCS-902 线路保护起动
22	10:30:00.000	220kV 甲七线 223CSC-103 线路保护起动
23	10:30:00.000	220kV 甲七线 223PCS-902 线路保护起动
24	10:30:00.000	220kV 甲八线 224CSC-103 线路保护起动
25	10:30:00.000	220kV 甲八线 2243PCS-902 线路保护起动
26	10:30:00.000	220kV 甲三线 213CSC-103 线路保护起动
27	10:30:00.000	220kV 甲三线 213PCS-902 线路保护起动
28	10:30:00.000	220kV 甲一线 211PCS-931 线路保护起动
29	10:30:00.000	220kV 甲一线 211NSR-303 线路保护起动
30	10:30:00.000	220kV 甲二线 212PCS-931 线路保护起动
31	10:30:00.000	220kV 甲二线 212NSR-303 线路保护起动
32	10:30:00.000	220kV Ⅰ～Ⅱ母第一套母差 CSC150E　Ⅰ母电压开放动作
33	10:30:00.000	220kV Ⅰ～Ⅱ母第二套母差 CSC150E　Ⅰ母电压开放动作
34	10:30:00.000	220kV Ⅰ～Ⅱ母第一套母差 CSC150E　Ⅱ母电压开放动作
35	10:30:00.000	220kV Ⅰ～Ⅱ母第二套母差 CSC150E　Ⅱ母电压开放动作
36	10:30:00.000	220kV Ⅲ～Ⅳ母第一套母差 CSC150E　Ⅲ母电压开放动作
37	10:30:00.000	220kV Ⅲ～Ⅳ母第二套母差 CSC150E　Ⅲ母电压开放动作
38	10:30:00.000	220kV Ⅲ～Ⅳ母第一套母差 CSC150E　Ⅳ母电压开放动作
39	10:30:00.000	220kV Ⅲ～Ⅳ母第二套母差 CSC150E　Ⅳ母电压开放动作
40	10:30:03.200	2 号联络变压器第一套 CSC326/E 变压器高压侧阻抗保护动作
41	10:30:03.200	2 号联络变压器第二套 CSC326/E 变压器高压侧阻抗保护动作
42	10:30:03.200	3 号联络变压器第一套 CSC326/E 变压器高压侧阻抗保护动作
43	10:30:03.200	3 号联络变压器第二套 CSC326/E 变压器高压侧阻抗保护动作
44	10:30:03.230	220kV Ⅱ～Ⅳ段母分 220 断路器 A 相合位一分
45	10:30:03.230	220kV Ⅱ～Ⅳ段母分 220 断路器 B 相合位一分
46	10:30:03.230	220kV Ⅱ～Ⅳ段母分 220 断路器 C 相合位一分

续表

序号	时　间	报　文　信　息
47	10:30:03.230	220kV Ⅱ～Ⅳ段母分 220 断路器 A 相分位—合
48	10:30:03.230	220kV Ⅱ～Ⅳ段母分 220 断路器 B 相分位—合
49	10:30:03.230	220kV Ⅱ～Ⅳ段母分 220 断路器 C 相分位—合
50	10:30:03.230	220kV Ⅰ～Ⅲ段母分 210 断路器 A 相合位—分
51	10:30:03.230	220kV Ⅰ～Ⅲ段母分 210 断路器 B 相合位—分
52	10:30:03.230	220kV Ⅰ～Ⅲ段母分 210 断路器 C 相合位—分
53	10:30:03.230	220kV Ⅰ～Ⅲ段母分 210 断路器 A 相分位—合
54	10:30:03.230	220kV Ⅰ～Ⅲ段母分 210 断路器 B 相分位—合
55	10:30:03.230	220kV Ⅰ～Ⅲ段母分 210 断路器 C 相分位—合
56	10:30:03.230	220kV Ⅰ～Ⅱ段母联 21M 断路器 A 相合位—分
57	10:30:03.230	220kV Ⅰ～Ⅱ段母联 21M 断路器 B 相合位—分
58	10:30:03.230	220kV Ⅰ～Ⅱ段母联 21M 断路器 C 相合位—分
59	10:30:03.230	220kV Ⅰ～Ⅱ段母联 21M 断路器 A 相分位—合
60	10:30:03.230	220kV Ⅰ～Ⅱ段母联 21M 断路器 B 相分位—合
61	10:30:03.230	220kV Ⅰ～Ⅱ段母联 21M 断路器 C 相分位—合
62	10:30:03.230	220kV Ⅲ～Ⅳ段母联 22M 断路器 A 相合位—分
63	10:30:03.230	220kV Ⅲ～Ⅳ段母联 22M 断路器 B 相合位—分
64	10:30:03.230	220kV Ⅲ～Ⅳ段母联 22M 断路器 C 相合位—分
65	10:30:03.230	220kV Ⅲ～Ⅳ段母联 22M 断路器 A 相分位—合
66	10:30:03.230	220kV Ⅲ～Ⅳ段母联 22M 断路器 B 相分位—合
67	10:30:03.230	220kV Ⅲ～Ⅳ段母联 22M 断路器 C 相分位—合
68	10:30:03.540	2 号联络变压器 500kV 侧 5031 断路器 A 相合位—分
69	10:30:03.540	2 号联络变压器 500kV 侧 5031 断路器 B 相合位—分
70	10:30:03.540	2 号联络变压器 500kV 侧 5031 断路器 C 相合位—分
71	10:30:03.540	2 号联络变压器 500kV 侧 5031 断路器 A 相分位—合
72	10:30:03.540	2 号联络变压器 500kV 侧 5031 断路器 B 相分位—合
73	10:30:03.540	2 号联络变压器 500kV 侧 5031 断路器 C 相分位—合
74	10:30:03.540	2 号联络变压器 500kV 侧 5032 断路器 A 相合位—分
75	10:30:03.540	2 号联络变压器 500kV 侧 5032 断路器 B 相合位—分

序号	时　间	报　文　信　息
76	10:30:03.540	2 号联络变压器 500kV 侧 5032 断路器 C 相合位—分
77	10:30:03.540	2 号联络变压器 500kV 侧 5032 断路器 A 相分位—合
78	10:30:03.540	2 号联络变压器 500kV 侧 5032 断路器 B 相分位—合
79	10:30:03.540	2 号联络变压器 500kV 侧 5032 断路器 C 相分位—合
80	10:30:03.540	2 号联络变压器 220kV 侧 21B 断路器 A 相合位—分
81	10:30:03.540	2 号联络变压器 220kV 侧 21B 断路器 B 相合位—分
82	10:30:03.540	2 号联络变压器 220kV 侧 21B 断路器 C 相合位—分
83	10:30:03.540	2 号联络变压器 220kV 侧 21B 断路器 A 相分位—合
84	10:30:03.540	2 号联络变压器 220kV 侧 21B 断路器 B 相分位—合
85	10:30:03.540	2 号联络变压器 220kV 侧 21B 断路器 C 相分位—合
86	10:30:03.540	2 号联络变压器 66kV 侧 61B 断路器 A 相合位—分
87	10:30:03.540	2 号联络变压器 66kV 侧 61B 断路器 B 相合位—分
88	10:30:03.540	2 号联络变压器 66kV 侧 61B 断路器 C 相合位—分
89	10:30:03.540	2 号联络变压器 66kV 侧 61B 断路器 A 相分位—合
90	10:30:03.540	2 号联络变压器 66kV 侧 61B 断路器 B 相分位—合
91	10:30:03.540	2 号联络变压器 66kV 侧 61B 断路器 C 相分位—合
92	10:30:03.540	220kV Ⅱ 母计量电压消失
93	10:30:03.540	220kV Ⅱ 母测量电压消失
94	10:30:05.500	220kV Ⅰ～Ⅱ 母第一套母差 CSC150E Ⅰ 母电压开放动作—复归
95	10:30:05.500	220kV Ⅰ～Ⅱ 母第二套母差 CSC150E Ⅰ 母电压开放动作—复归
96	10:30:05.500	220kV Ⅲ～Ⅳ 母第一套母差 CSC150E Ⅲ 母电压开放动作—复归
97	10:30:05.500	220kV Ⅲ～Ⅳ 母第二套母差 CSC150E Ⅲ 母电压开放动作—复归
98	10:30:05.500	220kV Ⅲ～Ⅳ 母第一套母差 CSC150E Ⅳ 母电压开放动作—复归
99	10:30:05.500	220kV Ⅲ～Ⅳ 母第二套母差 CSC150E Ⅳ 母电压开放动作—复归
100	10:30:05.500	500kV 丙二线 CSC103B 线路保护起动—复归
101	10:30:05.500	500kV 丙二线 PCS931D 线路保护起动—复归
102	10:30:05.500	500kV 丙三线 CSC103B 线路保护起动—复归
103	10:30:05.500	500kV 丙三线 PCS931D 线路保护起动—复归
104	10:30:05.500	3 号联络变压器第一套 CSC326/E 变压器保护起动—复归

续表

序号	时　间	报　文　信　息
105	10:30:05.500	3 号联络变压器第二套 CSC326/E 变压器保护起动—复归
106	10:30:05.500	220kV 甲五线 221CSC–103 线路保护起动—复归
107	10:30:05.500	220kV 甲五线 221PCS–902 线路保护起动—复归
108	10:30:05.500	220kV 甲七线 223CSC–103 线路保护起动—复归
109	10:30:05.500	220kV 甲七线 223PCS–902 线路保护起动—复归
110	10:30:05.500	220kV 甲八线 224CSC–103 线路保护起动—复归
111	10:30:05.500	220kV 甲八线 2243PCS–902 线路保护起动—复归
112	10:30:05.500	220kV 甲三线 213CSC–103 线路保护起动—复归
113	10:30:05.500	220kV 甲三线 213PCS–902 线路保护起动—复归
114	10:30:05.500	220kV 甲一线 211PCS–931 线路保护起动—复归
115	10:30:05.500	220kV 甲一线 211NSR–303 线路保护起动—复归
116	10:30:05.500	220kV 甲二线 212PCS–931 线路保护起动—复归
117	10:30:05.500	220kV 甲二线 212NSR–303 线路保护起动—复归

4. 报文分析判断

从报文 1～11 "甲四线 214 合并单元 1 装置告警""甲四线 214 合并单元 1 采样异常""甲四线 214 合并单元 2 装置告警""甲四线 214 合并单元 2 采样异常""甲四线 214 CSC103B 采样异常""甲四线 214 CSC103B 采样异常闭锁""甲四线 214 PCS902G 采样异常""甲四线 214 PCS902G 电流采样异常""甲四线 214 PCS902G 电压采样异常""220kVⅠ～Ⅱ母第一套母差 CSC150E 214 电流采样中断""220kVⅠ～Ⅱ母第二套母差 CSC150E 214 电流采样中断"可得知，10:00:00 220kV 甲四线 214 两套合并单元均采样异常，造成甲四线 214 两套线路保护闭锁，220kVⅠ～Ⅱ母两套母差闭锁。

10:30:00 系统发生故障，各类保护起动。3.2s 后 2 号、3 号联络变压器高压侧阻抗保护动作，约 30ms 后 220kVⅡ～Ⅳ段母分 220、Ⅰ～Ⅲ段母分 210 断路器、Ⅰ～Ⅱ段母联 21M 断路器、Ⅲ～Ⅳ段母联 22M 断路器跳闸，约 0.3s 后，2 号联络变压器各侧断路器跳闸。事故造成仿真四变电站 2 号联络变压器跳闸、220kVⅡ段母线失电压。

事故的可能原因：① 220kVⅡ段母线故障；② 甲四线 214 线路故障；③ 甲二线 212 线路故障，两套线路保护均拒动；④ 2 号联络变压器故障，两套差动保护均拒动。综合判断第 1 种及第 2 种可能性最大。

5. 处理参考步骤

（1）阅读并分析报文、检查相关保护和设备。

（2）断开甲四线 214 断路器，解除 220kV Ⅰ～Ⅱ母第一套母差接收甲四线 214 第一套合并单元 SV 连接片，解除 220kV Ⅰ～Ⅱ母第二套母差接收甲四线 214 第二套合并单元 SV 连接片。检查 220kV Ⅰ～Ⅱ母两套母差保护 TA 断线告警复归。

（3）汇报调度，申请恢复 220kV 运行母线并列，依调度指令合上 220kV Ⅰ_Ⅲ段母分 210 断路器、Ⅲ_Ⅳ段母联 22M 断路器。

（4）汇报调度，申请对 2 号联络变压器试送电，依调度指令合上 5031 断路器对 2 号联络变压器充电正常。合上 5032 断路器恢复成串运行。

（5）汇报调度，申请对 220kV Ⅱ 段母线充电。依调度指令合上甲二线 212 断路器后由甲二线对侧断路器冲击 Ⅱ 段母线正常后，合上 220kV Ⅰ～Ⅱ段母联 21M 断路器、Ⅱ～Ⅳ段母分 220 断路器恢复 220kV 系统合环运行。

（6）汇报调度，依调度指令合上 2 号联络变压器 21B 断路器。

（7）汇报调度，申请由对侧对甲四线充电，对侧断路器后加速跳闸。将甲四线 214 线路转检修。

6. 案例要点分析

合并单元采样异常后，发送的电压、电流等采样数据均为无效数据。220kV 甲四线 214 两套合并单元均故障后，220kV 甲四线 CSC103B、PCS902G 线路保护由于接收到甲四线 214 合并单元发送的甲四线 214 间隔电流无效数据造成线路保护闭锁，220kV Ⅰ～Ⅱ母母差保护由于接收到甲四线 214 合并单元发送的甲四线 214 间隔电流无效数据造成差动保护功能闭锁。

214 线路故障后，由于线路保护两套均闭锁，引起保护越级至 2、3 号联络变压器中压侧，造成 220kV Ⅱ 段母线失电压，由于此时甲四线 214 间隔的无效数据仍闭锁 220kV Ⅰ～Ⅱ母母差保护，为保证 220kV Ⅰ 段母线正常运行，应先断开甲四线 214 断路器后解除两套母差保护上甲四线 214SV 接收连接片，并将与 220kV Ⅰ、Ⅲ、Ⅳ段母线恢复并列运行。由于 Ⅱ 段母线故障而母差保护拒动的后果与该案例一致，应及时对 Ⅱ 段母线及母线直连设备间隔进行检查及红外测温，若未发现明显故障点可对母线充电判断母线是否有故障。

正常运行中出现 220kV 线路两套合并单元均故障时，应立即汇报调度，根据调度指令断开线路断路器，再解除两套母差保护装置上对应线路 SV 接收连接片。

案例 10　仿真四变电站 220kV 线路两套合并单元故障

1. 主接线运行方式

500kV 采用 3/2 接线，丙二线与 2 号联络变压器成串运行，丙三线成串运行，丙四线与丙一线成串运行，3 号联络变压器成串运行，5012、5013 断路器成串运行。220kV 采用双母线双分段接线，四段母线环状运行。甲一线 211 断路器、甲三线 213 断路器接Ⅰ段母线运行；甲二线 212 断路器、甲四线 214 断路器、2 号联络变压器 21B 断路器接Ⅱ段母线运行；甲七线 223 断路器、甲五线 221 断路器、3 号联络变压器 22C 断路器接Ⅲ段母线运行；甲六线 222 断路器、甲八线 224 断路器接Ⅳ段母线运行。66kV 配置两段母线不设分段断路器，Ⅱ段母线接 2 号联络变压器 61B 断路器、1 号所用变压器 621 断路器运行、4 号电抗器组 624 断路器、7 号电容器组 627 断路器、8 号电容器组 628 断路器在热备用。Ⅲ段母线接 2 号联络变压器 61C 断路器、1 号所用变压器 631 断路器运行、6 号电抗器组 634 断路器、11 电容器组 637 断路器、12 号电容器组 638 断路器在热备用。0 号所用变压器由外来电源供电。

2. 保护配置情况

500kV 线路配置 PCS931D、CSC103B 两套电流差动保护；500kV 每台断路器均配置两套 CSC-121 断路器保护；500kV 每段母线各配置两套 CSC-150 母差保护、联络变压器配置两套 CSC326/E 变压器电量保护和一套 JFZ600R 非电量保护（含智能终端）。220kV Ⅰ～Ⅱ段母线和Ⅲ～Ⅳ段母线各配置两套 CSC-150 母差保护，220kV 线路采用测保一体装置。甲五线 221、甲七线 223、甲八线 224、甲三线 213、甲四线 214 配置 CSC-103 线路保护和 PCS-902 线路保护；甲一线 211、甲二线 212 配置 PCS931 线路保护和 NSR-303 线路保护。500、220kV 每个间隔均配置两套合并单元、两套智能终端，保护采用直采直跳、跨间隔的跳合闸和联闭锁采用组网通信方式。

3. 事故概况

（1）事故起因：甲三线 213 两套合并单元均故障，220kV Ⅰ段母线发生永久性故障。

（2）具体报文信息见表 1-10。

表 1-10 报 文 信 息

序号	时 间	报 文 信 息
1	10:00:00.000	甲三线 213 合并单元 1 装置告警
2	10:00:00.000	甲三线 213 合并单元 1 采样异常
3	10:00:00.000	甲三线 213 合并单元 2 装置告警
4	10:00:00.000	甲三线 213 合并单元 2 采样异常
5	10:00:00.000	甲三线 213 CSC103B 采样异常
6	10:00:00.000	甲三线 213 CSC103B 采样异常闭锁
7	10:00:00.000	甲三线 213 PCS902G 采样异常
8	10:00:00.000	甲三线 213 PCS902G 电流采样异常
9	10:00:00.000	甲三线 213 PCS902G 电压采样异常
10	10:00:00.000	220kV I～II 母第一套母差 CSC150E 213 电流采样中断
11	10:00:00.000	220kV I～II 母第二套母差 CSC150E 213 电流采样中断
12	10:30:00.000	500kV 丙二线 CSC103B 线路保护起动
13	10:30:00.000	500kV 丙二线 PCS931D 线路保护起动
14	10:30:00.000	500kV 丙三线 CSC103B 线路保护起动
15	10:30:00.000	500kV 丙三线 PCS931D 线路保护起动
16	10:30:00.000	2 号联络变压器第一套 CSC326/E 变压器保护起动
17	10:30:00.000	2 号联络变压器第二套 CSC326/E 变压器保护起动
18	10:30:00.000	3 号联络变压器第一套 CSC326/E 变压器保护起动
19	10:30:00.000	3 号联络变压器第二套 CSC326/E 变压器保护起动
20	10:30:00.000	220kV 甲五线 221CSC-103 线路保护起动
21	10:30:00.000	220kV 甲五线 221PCS-902 线路保护起动
22	10:30:00.000	220kV 甲七线 223CSC-103 线路保护起动
23	10:30:00.000	220kV 甲七线 223PCS-902 线路保护起动
24	10:30:00.000	220kV 甲八线 224CSC-103 线路保护起动
25	10:30:00.000	220kV 甲八线 2243PCS-902 线路保护起动
26	10:30:00.000	220kV 甲四线 214CSC-103 线路保护起动
27	10:30:00.000	220kV 甲四线 214PCS-902 线路保护起动
28	10:30:00.000	220kV 甲一线 211PCS-931 线路保护起动
29	10:30:00.000	220kV 甲一线 211NSR-303 线路保护起动
30	10:30:00.000	220kV 甲二线 212PCS-931 线路保护起动

序号	时　间	报　文　信　息
31	10:30:00.000	220kV 甲二线 212NSR-303 线路保护起动
32	10:30:00.000	220kV Ⅰ～Ⅱ母第一套母差 CSC150E　Ⅰ母电压开放动作
33	10:30:00.000	220kV Ⅰ～Ⅱ母第二套母差 CSC150E　Ⅰ母电压开放动作
34	10:30:00.000	220kV Ⅰ～Ⅱ母第一套母差 CSC150E　Ⅱ母电压开放动作
35	10:30:00.000	220kV Ⅰ～Ⅱ母第二套母差 CSC150E　Ⅱ母电压开放动作
36	10:30:00.000	220kV Ⅲ～Ⅳ母第一套母差 CSC150E　Ⅲ母电压开放动作
37	10:30:00.000	220kV Ⅲ～Ⅳ母第二套母差 CSC150E　Ⅲ母电压开放动作
38	10:30:00.000	220kV Ⅲ～Ⅳ母第一套母差 CSC150E　Ⅳ母电压开放动作
39	10:30:00.000	220kV Ⅲ～Ⅳ母第二套母差 CSC150E　Ⅳ母电压开放动作
40	10:30:03.200	2 号联络变压器第一套 CSC326/E 变压器高压侧阻抗保护动作
41	10:30:03.200	2 号联络变压器第二套 CSC326/E 变压器高压侧阻抗保护动作
42	10:30:03.200	3 号联络变压器第一套 CSC326/E 变压器高压侧阻抗保护动作
43	10:30:03.200	3 号联络变压器第二套 CSC326/E 变压器高压侧阻抗保护动作
44	10:30:03.230	220kV Ⅱ～Ⅳ段母分 220 断路器 A 相合位—分
45	10:30:03.230	220kV Ⅱ～Ⅳ段母分 220 断路器 B 相合位—分
46	10:30:03.230	220kV Ⅱ～Ⅳ段母分 220 断路器 C 相合位—分
47	10:30:03.230	220kV Ⅱ～Ⅳ段母分 220 断路器 A 相分位—合
48	10:30:03.230	220kV Ⅱ～Ⅳ段母分 220 断路器 B 相分位—合
49	10:30:03.230	220kV Ⅱ～Ⅳ段母分 220 断路器 C 相分位—合
50	10:30:03.230	220kV Ⅰ～Ⅲ段母分 210 断路器 A 相合位—分
51	10:30:03.230	220kV Ⅰ～Ⅲ段母分 210 断路器 B 相合位—分
52	10:30:03.230	220kV Ⅰ～Ⅲ段母分 210 断路器 C 相合位—分
53	10:30:03.230	220kV Ⅰ～Ⅲ段母分 210 断路器 A 相分位—合
54	10:30:03.230	220kV Ⅰ～Ⅲ段母分 210 断路器 B 相分位—合
55	10:30:03.230	220kV Ⅰ～Ⅲ段母分 210 断路器 C 相分位—合
56	10:30:03.230	220kV Ⅰ～Ⅱ段母联 21M 断路器 A 相合位—分
57	10:30:03.230	220kV Ⅰ～Ⅱ段母联 21M 断路器 B 相合位—分
58	10:30:03.230	220kV Ⅰ～Ⅱ段母联 21M 断路器 C 相合位—分

续表

序号	时　间	报　文　信　息
59	10:30:03.230	220kV Ⅰ～Ⅱ段母联 21M 断路器 A 相分位—合
60	10:30:03.230	220kV Ⅰ～Ⅱ段母联 21M 断路器 B 相分位—合
61	10:30:03.230	220kV Ⅰ～Ⅱ段母联 21M 断路器 C 相分位—合
62	10:30:03.230	220kV Ⅲ～Ⅳ段母联 22M 断路器 A 相合位—分
63	10:30:03.230	220kV Ⅲ～Ⅳ段母联 22M 断路器 B 相合位—分
64	10:30:03.230	220kV Ⅲ～Ⅳ段母联 22M 断路器 C 相合位—分
65	10:30:03.230	220kV Ⅲ～Ⅳ段母联 22M 断路器 A 相分位—合
66	10:30:03.230	220kV Ⅲ～Ⅳ段母联 22M 断路器 B 相分位—合
67	10:30:03.230	220kV Ⅲ～Ⅳ段母联 22M 断路器 C 相分位—合
68	10:30:03.540	220kV Ⅰ 母计量电压消失
69	10:30:03.540	220kV Ⅰ 母测量电压消失
70	10:30:10.500	220kV Ⅰ～Ⅱ母第一套母差 CSC150E Ⅱ母电压开放动作—复归
71	10:30:10.500	220kV Ⅰ～Ⅱ母第二套母差 CSC150E Ⅱ母电压开放动作—复归
72	10:30:10.500	220kV Ⅲ～Ⅳ母第一套母差 CSC150E Ⅲ母电压开放动作—复归
73	10:30:10.500	220kV Ⅲ～Ⅳ母第二套母差 CSC150E Ⅲ母电压开放动作—复归
74	10:30:10.500	220kV Ⅲ～Ⅳ母第一套母差 CSC150E Ⅳ母电压开放动作—复归
75	10:30:10.500	220kV Ⅲ～Ⅳ母第二套母差 CSC150E Ⅳ母电压开放动作—复归
76	10:30:10.500	500kV 丙二线 CSC103B 线路保护起动—复归
77	10:30:10.500	500kV 丙二线 PCS931D 线路保护起动—复归
78	10:30:10.500	500kV 丙三线 CSC103B 线路保护起动—复归
79	10:30:10.500	500kV 丙三线 PCS931D 线路保护起动—复归
80	10:30:10.500	2 号联络变压器第一套 CSC326/E 变压器保护起动—复归
81	10:30:10.500	2 号联络变压器第二套 CSC326/E 变压器保护起动—复归
82	10:30:10.500	2 号联络变压器第一套 CSC326/E 变压器保护起动—复归
83	10:30:10.500	2 号联络变压器第二套 CSC326/E 变压器保护起动—复归
84	10:30:10.500	220kV 甲五线 221CSC-103 线路保护起动—复归
85	10:30:10.500	220kV 甲五线 221PCS-902 线路保护起动—复归
86	10:30:10.500	220kV 甲七线 223CSC-103 线路保护起动—复归
87	10:30:10.500	220kV 甲七线 223PCS-902 线路保护起动—复归

序号	时　间	报 文 信 息
88	10:30:10.500	220kV 甲八线 224CSC–103 线路保护起动—复归
89	10:30:10.500	220kV 甲八线 2243PCS–902 线路保护起动—复归
90	10:30:10.500	220kV 甲四线 214CSC–103 线路保护起动—复归
91	10:30:10.500	220kV 甲四线 214PCS–902 线路保护起动—复归
92	10:30:10.500	220kV 甲一线 211PCS–931 线路保护起动—复归
93	10:30:10.500	220kV 甲一线 211NSR–303 线路保护起动—复归
94	10:30:10.500	220kV 甲二线 212PCS–931 线路保护起动—复归
95	10:30:10.500	220kV 甲二线 212NSR–303 线路保护起动—复归

4. 报文分析判断

从报文 1～11 "甲三线 213 合并单元 1 装置告警""甲三线 213 合并单元 1 采样异常""甲三线 213 合并单元 2 装置告警""甲三线 213 合并单元 2 采样异常""甲三线 213 CSC103B 采样异常""甲三线 213 CSC103B 采样异常闭锁""甲三线 213 PCS902G 采样异常""甲三线 213 PCS902G 电流采样异常""甲三线 213 PCS902G 电压采样异常""220kV Ⅰ～Ⅱ母第一套母差 CSC150E 213 电流采样中断""220kV Ⅰ～Ⅱ母第二套母差 CSC150E 213 电流采样中断"可得知，10:00:00 220kV 甲三线 213 两套合并单元均采样异常，造成甲三线 213 两套线路保护闭锁，220kV Ⅰ～Ⅱ母两套母差闭锁。

10:30:00 系统发生故障，各类保护起动。3.2s 后 2、3 号联络变压器过电流保护动作，约 30ms 后 220kV Ⅱ～Ⅳ段母分 220、Ⅰ～Ⅲ段母分 210 断路器、Ⅰ～Ⅱ段母联 21M 断路器、Ⅲ～Ⅳ段母联 22M 断路器跳闸。事故造成仿真四变电站 220kV Ⅰ段母线失电压。

事故的可能原因：① 220kV Ⅰ段母线故障；② 甲三线 213 线路故障；③ 甲一线 211 线路故障，两套线路保护均拒动。综合判断第 1 种及第 2 种可能性最大。

5. 处理参考步骤

（1）阅读并分析报文、检查相关保护和设备。

（2）解除 220kV Ⅰ～Ⅱ母第一套母差接收甲三线 213 第一套合并单元 SV 连接片，解除 220kV Ⅰ～Ⅱ母第二套母差接收甲三线 213 第二套合并单元 SV 连接片。检查 220kV Ⅰ～Ⅱ母两套母差保护 TA 断线告警复归。

（3）汇报调度，申请恢复 220kV 运行母线并列，依调度指令合上 220kV Ⅱ～

Ⅳ段母分 220 断路器、Ⅲ～Ⅳ段母联 22M 断路器。

（4）汇报调度，申请对 220kV Ⅰ 段母线充电。依调度指令用甲一线对侧断路器对甲一线线路充电正常后断开，合上甲一线 211 断路器，由甲一线对侧断路器冲击Ⅰ段母线跳闸，将 220kV Ⅰ 段母线转检修。

（5）将甲三线 213 断路器转冷备用。

6. 案例要点分析

合并单元采样异常后，发送的电压、电流等采样数据均为无效数据。220kV 甲三线 213 两套合并单元均故障后，220kV 甲三线 CSC103B、PCS902G 线路保护由于接收到甲三线 213 合并单元发送的甲三线 213 间隔电流无效数据造成线路保护闭锁，220kV Ⅰ～Ⅱ母母差保护由于接收到甲三线 213 合并单元发送的甲三线 213 间隔电流无效数据造成差动保护功能闭锁。

220kV Ⅰ 段母线故障后，由于线路保护两套均闭锁，引起保护越级至 2、3 号联络变压器中压侧，220kV 母线解列，220kV Ⅰ 段母线所接线路对侧断路器跳闸，220kV Ⅰ 段母线失电压。由于此时甲三线 213 间隔的无效数据仍闭锁 220kV Ⅰ～Ⅱ母母差保护，为保证 220kV Ⅱ 段母线正常运行，应解除两套母差保护上甲三线 213SV 接收连接片，并将 220kV Ⅱ、Ⅲ、Ⅳ段母线恢复并列运行。由于Ⅰ段母线故障而母差保护拒动的后果与该案例一致，应及时对Ⅰ段母线及母线直连设备间隔进行检查及红外测温，若未发现明显故障点可对母线充电判断母线是否有故障。

正常运行中出现 220kV 线路两套合并单元均故障时，应立即汇报调度，根据调度指令断开线路断路器，再解除两套母差保护装置上对应线路 SV 接收连接片。

第 2 章
智能终端事故处理案例

在智能变电站中，智能终端作为过程层设备，衔接一、二次设备。一次设备的位置量、压力异常告警信号、断路器本体闭锁信号等通过智能终端发送到保护测控装置；保护装置的跳合闸命令和测控装置的手合、手分命令通过智能终端作用于一次设备。智能终端与其他二次设备之间通过 GOOSE 网传输数据；智能终端与一次设备之间通过电缆连接。

案例 1　仿真一变电站 110kV 线路智能终端异常

1. 主接线运行方式

220kV 双母线并列运行，220kV 甲一线 261、1 号主变压器 220kV 侧 26A 断路器接 I 段母线运行，220kV 甲二线 264、2 号主变压器 220kV 侧 26B 断路器接 II 段母线运行。

110kV 双母线并列运行，110kV 乙一线 161、1 号主变压器 110kV 侧 16A 断路器接 I 段母线运行，乙二线 162、2 号主变压器 110kV 侧 16B 开关接 II 段母线运行。

10kV 单母线分列运行。26B8、16A8、16B8 中性点接地刀闸在合。

2. 保护配置情况

主变压器配置两套 PST-1200 保护、双合并单元、双智能终端；110kV 母差保护配置一套 PCS-915 母差保护；110kV 线路配置一套四方测控保护一体化装置、一套合并单元和智能终端。

3. 事故概况

（1）事故起因：某日，110kV 乙一线 161 断路器智能终端装置异常，110kV 乙一线 161 线路单相接地故障。

（2）具体报文信息见表 2-1。

表 2-1 报 文 信 息

序号	时 间	报 文 信 息
1	08:15:45.122	110kV 乙一线 161 智能终端装置报警
2	08:15:45.122	110kV 乙一线 161 智能终端装置闭锁
3	09:10:13.202	录波器起动
4	09:10:13.202	220kV 甲一线 261 线路 902C 保护起动
5	09:10:13.202	220kV 甲一线 261 线路 603U 保护起动
6	09:10:13.202	220kV 甲二线 264 线路 902C 保护起动
7	09:10:13.202	220kV 甲二线 264 线路 603U 保护起动
8	09:10:13.202	110kV 乙一线 161 CSC161AE 保护起动
9	09:10:13.202	110kV 乙一线 161 CSC161AE 保护跳闸出口
10	09:10:13.202	110kV 乙一线 161 CSC161AE 接地距离 I 段出口
11	09:10:13.202	1 号主变压器 PST1200U（I 套）后备保护起动
12	09:10:13.202	1 号主变压器 PST1200U（II 套）后备保护起动
13	09:10:13.202	2 号主变压器 PST1200U（I 套）后备保护起动
14	09:10:13.202	2 号主变压器 PST1200U（II 套）后备保护起动
15	09:10:13.202	110kV 母差保护 I 母电压闭锁开放
16	09:10:13.202	110kV 母差保护 II 母电压闭锁开放
17	09:10:13.202	220kV PCS-915 第一套母差保护 I 母电压开放动作
18	09:10:13.202	220kV PCS-915 第一套母差保护 II 母电压开放动作
19	09:10:13.202	220kV PCS-915 第二套母差保护 I 母电压开放动作
20	09:10:13.202	220kV PCS-915 第二套母差保护 II 母电压开放动作
21	09:10:13.652	110kV 乙一线 161 CSC161AE 接地距离 II 段出口
22	09:10:13.652	110kV 乙一线 161 CSC161AE 零序 II 段出口
23	09:10:15.212	110kV 乙一线 161 CSC161AE 零序 III 段出口
24	09:10:15.512	110kV 乙一线 161 CSC161AE 接地距离 III 段出口
25	09:10:16.105	1 号主变压器 PST1200U（I 套）110kV 侧零序过电流 1 时限动作
26	09:10:16.105	1 号主变压器 PST1200U（II 套）110kV 侧零序过电流 1 时限动作
27	09:10:16.105	2 号主变压器 PST1200U（I 套）110kV 侧零序过电流 1 时限动作
28	09:10:16.105	2 号主变压器 PST1200U（II 套）110kV 侧零序过电流 1 时限动作

序号	时　间	报 文 信 息
29	09:10:16.105	110kV 母联 16M 断路器分位—合
30	09:10:16.105	110kV 母联 16M 断路器合位—分
31	09:10:16.105	110kV 母联 16M 跳闸位置
32	09:10:16.405	1 号主变压器 PST1200U（I 套）110kV 侧零序过电流 2 时限动作
33	09:10:16.405	1 号主变压器 PST1200U（II 套）110kV 侧零序过电流 2 时限动作
34	09:10:16.405	2 号主变压器 PST1200U（I 套）110kV 侧零序过电流 1 时限动作—复归
35	09:10:16.405	2 号主变压器 PST1200U（II 套）110kV 侧零序过电流 1 时限动作—复归
36	09:10:16.426	1 号主变压器 110kV 侧 16A 断路器分位—合
37	09:10:16.426	1 号主变压器 110kV 侧 16A 断路器合位—合
38	09:10:16.426	1 号主变压器 110kV 侧 16A 跳闸位置
39	09:10:16.426	110kV I 段母线电压越限告警
40	09:10:16.426	110kV I 段母线计量电压丢失
41	09:10:16.426	220kV 甲一线 261 线路 902C 保护起动—复归
42	09:10:16.426	220kV 甲一线 261 线路 603U 保护起动—复归
43	09:10:16.426	220kV 甲二线 264 线路 902C 保护起动—复归
44	09:10:16.426	220kV 甲二线 264 线路 603U 保护起动—复归
45	09:10:16.426	1 号主变压器 PST1200U（I 套）110kV 侧零序过电流 1 时限动作—复归
46	09:10:16.426	1 号主变压器 PST1200U（II 套）110kV 侧零序过电流 1 时限动作—复归
47	09:10:16.426	1 号主变压器 PST1200U（I 套）110kV 侧零序过电流 2 时限动作—复归
48	09:10:16.426	1 号主变压器 PST1200U（II 套）110kV 侧零序过电流 2 时限动作—复归
49	09:10:16.426	110kV 母差保护 II 母电压闭锁开放—复归
50	09:10:16.426	220kV PCS-915 第一套母差保护 I 母电压开放动作—复归
51	09:10:16.426	220kV PCS-915 第一套母差保护 II 母电压开放动作—复归
52	09:10:16.426	220kV PCS-915 第二套母差保护 I 母电压开放动作—复归
53	09:10:16.426	220kV PCS-915 第二套母差保护 II 母电压开放动作—复归

4. 报文分析判断

从报文第 1、2 项"110kV 乙一线 161 智能终端装置报警、110kV 乙一线 161 智能终端装置闭锁"可知，110kV 乙一线 161 智能终端装置故障闭锁。报文第 3～20 项，110kV 乙一线 161 线路保护动作，接地距离Ⅰ段出口，110kV 乙一线 161 断路器未跳开；0.4s 后，110kV 乙一线 161 线路保护接地距离Ⅱ段出口、零序距离Ⅱ段出口；2.0s 后，110kV 乙一线 161 线路保护零序距离Ⅲ段出口，2.3s 后，110kV 乙一线 161 线路保护接地距离Ⅲ段出口，开关仍未断开；2.9s 后，1、2 号主变压器两套保护 110kV 侧后备零序过电流 1 时限动作，跳开 110kV 母联 16M 开关，3.2s 后，1 号主变压器两套保护 110kV 侧后备零序过电流 2 时限动作，跳开 1 号主变压器 110kV 侧 16A 断路器，各类保护复归，110kV Ⅰ段母线失电压。

通过分析可判断：110kV 乙一线 161 线路故障，线路保护动作出口跳闸，保护动作跳闸报文发送到 110kV 乙一线 161 智能终端时，由于 110kV 乙一线 161 智能终端装置故障闭锁，无法处理来自保护装置的跳闸报文，也无法向发出跳闸信号，致使 110kV 乙一线 161 断路器无法跳开，无法及时切除故障，越级至主变压器后备保护动作跳开 110kV 母联 16M、1 号主变压器 110kV 侧 16A 断路器来切除故障，造成 110kV Ⅰ段母线失电压。

5. 处理参考步骤

（1）阅读并分析报文、检查相关保护和设备。

（2）检查发现 110kV 乙一线 161 智能终端面板运行指示灯不亮；110kV 161 保护测控装置面板上"动作"灯亮，"跳位"灯亮；1、2 号主变压器保护装置面板上"保护起动""保护动作"灯亮。

（3）就地断开 110kV 乙一线 161 断路器，断开 110kV Ⅰ段母线上的其他失电压开关。

（4）检查 110kV Ⅰ段母线所接线路侧是否有电压，优先用外来电源对母线冲击。

（5）冲击正常后，断开外来电源开关。

（6）依次合上 1 号主变压器 110kV 侧断路器、母联断路器、各馈线断路器（161、163 断路器除外）。

（7）解除 110kV 乙一线 161 智能终端跳合闸出口硬压板后，重启 110kV 乙一线 161 智能终端装置。

6. 案例要点分析

110kV 线路间隔，保护跳合闸报文通过 GOOSE 直跳光纤链路发送到智能终端，智能终端接收到保护跳合闸报文后，进行报文解析、处理，经过智能终端保护跳闸出口硬压板接入一次断路器分合闸线圈；测控的遥控分合闸报文，通过 GOOSE 组网交换机，发送到智能终端，智能终端接收到遥控分合闸报文后，进行报文解析、处理，经过智能终端遥控分合闸出口硬压板接入一次断路器分合闸线圈。若智能终端故障闭锁，将无法对保护跳闸报文、遥控分合闸报文进行解析、处理，无法执行保护跳闸及遥控操作命令。

一次断路器运行时，单套配置的 110kV 断路器智能终端闭锁时，可重启一次，若无法恢复正常，应立即汇报调度，申请一次断路器退出运行；此时无法遥控开关，应采取措施就地断开开关。

本次跳闸的故障分析：110kV 乙一线 161 断路器运行中，智能终端故障闭锁，未及时采取措施，将智能终端重启或将断路器退出运行，造成线路故障保护动作跳闸时，断路器无法及时切除，越级造成主变压器后备动作跳闸，切除 110kV Ⅰ段母线，扩大了停电范围。在隔离 110kV 乙一线 161 间隔后，应及时恢复 110kV Ⅰ段母线及所接其他间隔设备的运行。

案例 2　仿真－变电站 110kV 母联智能终端跳闸出口压板漏投

1. 主接线运行方式

220kV 双母线并列运行，220kV 甲一线 261、1 号主变压器 220kV 侧 26A 断路器接 Ⅰ 段母线运行，220kV 甲二线 264、2 号主变压器 220kV 侧 26B 断路器接 Ⅱ 段母线运行。

110kV 双母线并列运行，110kV 乙一线 161、1 号主变压器 110kV 侧 16A 断路器接 Ⅰ 段母线运行，乙二线 162、2 号主变压器 110kV 侧 16B 断路器接 Ⅱ 段母线运行 。

10kV 单母线分列运行。26B8、16A8、16B8 中性点接地刀闸在合。

2. 保护配置情况

主变压器配置两套 PST-1200 保护、双合并单元、双智能终端；110kV 母差保护配置一套 PCS-915 母差保护；110kV 线路配置一套四方测控保护一体化装置、一套合并单元和智能终端。

3. 事故概况

（1）事故起因：某次工作结束后，110kV 母联 16M 开关智能终端跳闸出口硬压板漏投，即恢复送电。几天后，110kVⅠ段母线A相故障。

（2）具体报文信息见表2-2。

表2-2 报 文 信 息

序号	时 间	报 文 信 息
1	15:23:13.202	录波器起动
2	15:23:13.202	220kV 甲一线 261 线路 902C 保护起动
3	15:23:13.202	220kV 甲一线 261 线路 603U 保护起动
4	15:23:13.202	220kV 甲二线 264 线路 902C 保护起动
5	15:23:13.202	220kV 甲二线 264 线路 603U 保护起动
6	15:23:13.202	1 号主变压器 PST1200U（Ⅰ套）后备保护起动
7	15:23:13.202	1 号主变压器 PST1200U（Ⅱ套）后备保护起动
8	15:23:13.202	2 号主变压器 PST1200U（Ⅰ套）后备保护起动
9	15:23:13.202	2 号主变压器 PST1200U（Ⅱ套）后备保护起动
10	15:23:13.205	110kV PCS915B 母差保护Ⅰ母电压闭锁开放
11	15:23:13.205	110kV PCS915B 母差保护Ⅱ母电压闭锁开放
12	15:23:13.205	220kV PCS-915 第一套母差保护Ⅰ母电压闭锁开放
13	15:23:13.205	220kV PCS-915 第一套母差保护Ⅱ母电压闭锁开放
14	15:23:13.205	220kV PCS-915 第二套母差保护Ⅰ母电压闭锁开放
15	15:23:13.205	220kV PCS-915 第二套母差保护Ⅱ母电压闭锁开放
16	15:23:13.218	110kV PCS915B 母差保护保护跳闸
17	15:23:13.218	110kV PCS915B 母差保护变化量差动跳Ⅰ母
18	15:23:13.218	110kV PCS915B 母差保护稳态量差动跳Ⅰ母
19	15:23:13.218	110kV PCS915B 母差保护差动跳母联
20	15:23:13.268	1 号主变压器 110kV 侧 16A 断路器分位一合
21	15:23:13.268	1 号主变压器 110kV 侧 16A 断路器合位一分
22	15:23:13.268	110kV 乙一线 161 断路器分位一合
23	15:23:13.268	110kV 乙一线 161 断路器合位一分
24	15:23:13.418	110kV PCS915B 母差保护母联失灵跳母线
25	15:23:13.468	2 号主变压器 110kV 侧 16B 断路器分位一合
26	15:23:13.468	2 号主变压器 110kV 侧 16B 断路器合位一分

续表

序号	时　间	报　文　信　息
27	15:23:13.468	110kV 乙二线 164 断路器分位—合
28	15:23:13.468	110kV 乙二线 164 断路器合位—分
29	15:23:14.215	1 号主变压器 PST1200U（Ⅰ套）后备保护起动—复归
30	15:23:14.215	1 号主变压器 PST1200U（Ⅱ套）后备保护起动—复归
31	15:23:14.415	220kV 甲一线 261 线路 902C 保护起动—复归
32	15:23:14.415	220kV 甲一线 261 线路 603U 保护起动—复归
33	15:23:14.415	220kV 甲二线 264 线路 902C 保护起动—复归
34	15:23:14.415	220kV 甲二线 264 线路 603U 保护起动—复归
35	15:23:14.415	2 号主变压器 PST1200U（Ⅰ套）后备保护起动—复归
36	15:23:14.415	2 号主变压器 PST1200U（Ⅱ套）后备保护起动—复归
37	15:23:14.415	220kV PCS–915 第一套母差保护Ⅰ母电压闭锁开放—复归
38	15:23:14.415	220kV PCS–915 第一套母差保护Ⅱ母电压闭锁开放—复归
39	15:23:14.415	220kV PCS–915 第二套母差保护Ⅰ母电压闭锁开放—复归
40	15:23:14.415	220kV PCS–915 第二套母差保护Ⅱ母电压闭锁开放—复归

4. 报文分析判断

报文第 17、18 项"110kV PCS915B 母差保护变化量差动跳Ⅰ母、110kV PCS915B 母差保护稳态量差动跳Ⅰ母",随后第 20 项"110kV 母联失灵跳母线",先出现 110kV 乙一线 161、1 号主变压器 110kV 侧 16A 断路器跳闸事项,后出现 110kV 乙二线 164、2 号主变压器 110kV 侧 16B 断路器跳闸事项,无 110kV 母联 16M 断路器跳闸事项。

通过分析可初步判断:110kVⅠ段母线差动范围设备故障,110kVⅠ段母线差动保护动作跳闸,由于某种原因,110kV 母联 16M 断路器拒动,110kV 母差装置内的母联失灵动作跳开母线上所有其他断路器,110kV 两段母线均失压。

5. 处理参考步骤

(1)阅读并分析报文、检查相关保护和设备。

(2)检查监控机 110kV 母差保护跳 110kV 母联 16M 断路器出口软压板已投入,110kV 母差保护发送、110kV 母联 16M 智能终端接收的 GOOSE 直跳链路正常;检查 110kV 母联 16M 智能终端装置面板上,发现"跳闸"指示灯点亮，断路器"合位"指示灯点亮，110kV 母联 16M 汇控柜上 110kV 母联 16M 智能终端跳闸出口硬压板未投入，立即投入该压板，并确认 110kV 母联 16M 智能终端检修硬压板在解除状态。检查一次设备跳闸情况与报文事项一致，复归相关保护信号。

（3）通过后台信号报文与现场设备检查结论，进一步明确 110kV 母联 16M 断路器拒动的是 110kV 母联 16M 智能终端跳闸出口硬压板未投入引起的。

（4）将 110kV 母联 16M 断路器转冷备用。

（5）将 110kV 乙一线 161、1 号主变压器 110kV 侧 16A 断路器冷倒至 110kV Ⅱ段母线。

（6）用 2 号主变压器 110kV 侧 16B 断路器对 110kV Ⅱ段母线冲击，正常后，将 1 号主变压器 110kV 侧 16A、110kV 乙一线 161、110kV 乙二一线 164 转运行。

（7）查找 110kV Ⅰ段母线差动范围故障点，尽快用红外热成像仪对相应设备外壳、SF$_6$ 压力表计进行温度检测，观察设备外观情况，并汇总检查结果。

（8）将 110kV Ⅰ段母线转检修，填报缺陷，等待检修处理。

6. 案例要点分析

智能终端的跳闸出口硬压板作用：保护动作跳闸后，其跳闸报文通过 GOOSE 链路发送到智能终端，经智能终端进行报文解析、处理后，转换为模拟信号，通过智能终端的跳闸出口硬压板接入对应开关的跳闸线圈。

本次跳闸的故障分析：110kV Ⅰ段母线差动保护动作，110kV 母差跳母联 16M 断路器的 GOOSE 跳闸报文经过直联 GOOSE 链路发送到 110kV 母联 16M 智能终端，110kV 母联 16M 智能终端对收到的报文进行解析、处理后，转换为模拟信号后发出跳闸信号（装置跳闸指示灯点亮），由于智能终端出口硬压板未投入，智能终端至跳闸线圈之间的回路不通，110kV 母联 16M 无法跳闸，造成越级多跳 110kV Ⅱ段母线，扩大停电范围。

案例 3　仿真三变电站主变压器 10kV 侧合智一体装置异常

1. 主接线运行方式

110kV 乙一线 191 断路器送 110kV Ⅰ段母线，110kV 乙二线 193 断路器送 110kV Ⅱ、Ⅲ段母线，内桥Ⅰ 19M 断路器在分位，内桥Ⅱ 19K 断路器在合位，1、3 号主变压器均在运行。1 号主变压器 10kV 侧 99A 断路器接Ⅰ段母线、99D 断路器接Ⅱ段母线，3 号主变压器 10kV 侧 99C 断路器接Ⅳ段母线运行、99F 断路器接Ⅴ段母线运行，10kVⅠ、Ⅵ段母联 99W 断路器，10kVⅡ、Ⅴ段母联 99M 断路器在热备用，所有电容器由 AVC 控制，1、3 站用变压器运行。

2. 保护配置情况

主变压器配置两套 iPACS-5941D 电量保护、双合智一体装置；110kV 系统配置一套 iPACS-5731D 备自投装置；10kV 系统配置两套 iPACS-5763D 备自投装置，分别用于 10kVⅠ、Ⅵ段备自投和 10kVⅡ、Ⅴ段备自投。

3. 事故概况

（1）事故起因：事故前，1 号主变压器 10kV 侧分支一 99A 断路器 A 套合智一体装置异常，由于采样数值正常，未立即处理该缺陷。1 号主变压器差动动作跳闸。

（2）具体报文信息见表 2-3。

表 2-3　　　　　　　　　　报　文　信　息

序号	时间	报文信息
1	07:23:14.410	1 号主变压器 10kV 侧分支一 99A 合智一体（Ⅰ套）装置告警
2	10:02:05.123	1 号主变压器 iPACS5941D（Ⅰ套）比率差动动作
3	10:02:05.123	1 号主变压器 iPACS5941D（Ⅰ套）差动速断动作
4	10:02:05.123	1 号主变压器 iPACS5941D（Ⅰ套）保护动作
5	10:02:05.123	1 号主变压器 iPACS5941D（Ⅱ套）比率差动动作
6	10:02:05.123	1 号主变压器 iPACS5941D（Ⅱ套）差动速断动作
7	10:02:05.123	1 号主变压器 iPACS5941D（Ⅱ套）保护动作
8	10:02:05.134	110kV 公用信号 iPACS5731D 备自投装置告警
9	10:02:05.176	110kV 乙一线 191 断路器分位—合
10	10:02:05.176	110kV 乙一线 191 断路器合位—分
11	10:02:05.178	1 号主变压器 10kV 侧分支二 99D 断路器分位—合
12	10:02:05.178	1 号主变压器 10kV 侧分支二 99D 断路器合位—分
13	10:02:05.180	10kV 公用信号Ⅰ母计量电压消失
14	10:02:05.180	10kV 公用信号Ⅱ母计量电压消失
15	10:02:05.180	10kV 公用信号 iPACS5763DⅠ～Ⅵ母备自投保护测控装置告警
16	10:02:05.678	10kV 公用信号 iPACS5763DⅡ～Ⅴ母备自投，自投跳电源 1（1 号主变压器 10kV 侧 99D）

序号	时　间	报　文　信　息
17	10:02:07.678	10kV 公用信号 iPACS5763D Ⅰ～Ⅵ母备自投，自投跳电源 1（1 号主变压器 10kV 侧 99A）
18	10:02:07.778	10kV 公用信号 iPACS5763D Ⅱ～Ⅴ母备自投，自投合分段（10kV Ⅱ～Ⅴ段母分 99M）
19	10:02:08.112	10kV Ⅱ～Ⅴ段母分 99M 断路器分位—分
20	10:02:08.112	10kV Ⅱ～Ⅴ段母分 99M 断路器合位—合
21	10:02:08.118	10kV Ⅱ～Ⅴ段母分 99M 断路器弹簧未储能
22	10:02:08.115	10kV 公用信号 Ⅱ母计量电压消失—复归
23	10:02:09.018	10kV Ⅱ～Ⅴ段母分 99M 断路器弹簧未储能—复归

4. 报文分析判断

报文第 2～7 项，1 号主变压器两套保护均报"比率差动动作""差动速断动作""保护动作"，110kV 乙一线 191 断路器跳闸，随后 10kV iPACS5763D Ⅱ～Ⅴ母备自投动作合 10kV Ⅱ～Ⅴ母分 99M 断路器，10kV Ⅱ段母线电压恢复，而 10kV iPACS5763D Ⅰ～Ⅵ母备自投动作但未合上 10kV Ⅰ～Ⅵ母分 99W 断路器，10kV Ⅰ段母线失电压。在主变压器差动跳闸前出现报文"1 号主变压器 10kV 侧分支一 99A 合智一体（Ⅰ套）装置告警"。

初步判断可能原因：① 1 号主变压器（Ⅰ套）10kV 侧 99A 合智一体装置异常，无法发送 1 号主变压器 10kV 侧分支一 99A 位置量到 10kV Ⅰ～Ⅵ母备自投装置。1 号主变压器差动跳闸后，10kV iPACS5763D Ⅰ～Ⅵ母备自投第一时限跳 1 号主变压器 10kV 侧分支一 99A 断路器报文信息发送，未收到 1 号主变压器 10kV 侧分支一 99A 断路器合转分的位置变化，无法继续动作；② 10kV Ⅰ～Ⅵ母备自投合 10kV Ⅰ～Ⅵ母分 99W 断路器的压板未投入或整定值出错。

5. 处理参考步骤：

（1）阅读并分析报文、检查相关保护和设备。

（2）检查发现 10kV Ⅰ～Ⅵ母备自投装置面板上 1 号主变压器。10kV 侧分支一 99A 断路器位置指示灯仍显示在合闸位置，而 1 号主变压器 10kV 侧分支一 99A 断路器实际位置确在分位。

（3）合上 10kV Ⅰ～Ⅵ段母分 99W 断路器，恢复 10kV Ⅰ段母线电压，按调令恢复 10kV I 段上的其他设备。

（4）查找 1 号主变压器差动范围的故障点，发现 1 号主变压器 110kV 侧 A 相套管引流线有异物及放电痕迹。

（5）将 1 号主变压器转检修，等待检修处理。

（6）按调令，用 110kV 乙一线 191 断路器对 110kV I 段母线充电正常后，保留 110kV 乙一线 191 断路器在运行。

（7）检查 110kV 备自投装置充电正常（在 1 号主变压器停电期间，考虑 110kV I 段母线故障的影响，不得退出其差动保护功能，并确认 1 号主变压器保护与备自投之间链路正常）。

（8）通知检修及时处理 1 号主变压器（ I 套）10kV 侧 99A 合智一体装置缺陷。

6. 案例要点分析

1 号主变压器配置双套电量保护，对应开关的智能终端设备也配置双套，但只有其中第一套智能终端与备自投装置链路上有连接并进行信号的相互收发。与备自投有连接的那一套智能终端装置异常、链路异常，影响备自投装置的正确动作。对于合智一体的装置，其合并单元模块与智能终端模块内部程序是各自独立的。

本次跳闸的故障分析：1 号主变压器（ I 套）99A 合智一体装置与 10kV I ～ Ⅵ母备自投装置有信息交互，当 1 号主变压器（ I 套）99A 合智一体装置异常，无法发送断路器变位信息，故障发生前，10kV I ～ Ⅵ母备自投在收不到 1 号主变压器（ I 套）99A 合智一体装置发送的位置信息时，保留异常前的位置信息，认为 1 号主变压器 10kV 侧分支一 99A 在合位，备自投仍在充电状态。当 1 号主变压器差动动作跳闸后，两套保护均发跳闸信号到对应的智能终端，1 号变压器（ I 套）99A 合智一体装置收到 1 号主变压器第一套差动保护跳闸报文时，由于装置异常无法跳闸， 1 号主变压器（ Ⅱ 套）99A 合智一体装置收到 1 号主变压器第二套保护跳闸报文，进行信息处理、跳闸。10kV I ～ Ⅵ母备自投满足动作条件 [1 号主变压器（ I 套）99A 合智一体装置内的电流、电压采样功能未受到影响]，发出跳 1 号主变压器 10kV 侧 99A 断路器的命令后，未收到 1 号主变压器 10kV 侧 99A 断路器分位的位置信号，无法继续合上 10kV I ～ Ⅵ母分 99W 开关。

注意事项：10kV I ～ Ⅵ母分 99W 运行期间，10kV I 、Ⅵ段备自投装置的备自投功能已退出，由于装置承担 10kV I ～ Ⅵ母分 99W 断路器的智能终端功能，仍应保持 10kV Ⅰ～Ⅵ 备自投装置处于有效运行状态，确保 10kV Ⅰ～Ⅵ 母分 99W 断路器可以可靠跳闸。

案例4 仿真三变电站 110kV 线路第一套智能终端故障

1. 主接线运行方式

110kV 乙一线 191 断路器送 110kV Ⅰ、Ⅱ、Ⅲ 段母线，内桥Ⅰ 19M 断路器、内桥Ⅱ 19K 断路器在合位，110kV 乙二线 193 断路器热备用。1、3 号主变压器均在运行。1 号主变压器 10kV 侧 99A 断路器接Ⅰ段母线、99D 断路器接Ⅱ段母线，3 号主变压器 10kV 侧 99C 断路器接Ⅴ段母线运行、99F 断路器接Ⅵ段母线运行，10kV Ⅰ、Ⅵ 段母联 99W 断路器，10kV Ⅱ、Ⅴ 段母联 99M 断路器在热备用，所有电容器由 AVC 控制，1、3 号站用变压器在运行。

2. 保护配置情况

主变配置两套 iPACS-5941D 电量保护、双合智一体装置；110kV 系统配置一套 iPACS-5731D 备自投装置；10kV 系统Ⅱ、Ⅴ 段之间配置一套 iPACS-5763D 备自投装置，Ⅰ、Ⅵ 段之间配置一套 iPACS-5763D 备自投装置。

3. 事故概况

（1）事故起因：110kV 乙一线 191 第一套智能终端故障，1 号主变压器内部故障，非电量跳各开关后，110kV 备投无法动作，全站失电压。

（2）具体报文信息见表 2-4。

表 2-4   报 文 信 息

序号	时 间	报 文 信 息
1	09:23:14.410	110kV 乙一线 191 合智一体（Ⅰ套）装置异常
2	09:23:14.410	110kV 乙一线 191 合智一体（Ⅰ套）运行异常
3	09:58:20.008	1 号主变压器非电量总告警
4	09:58:20.008	1 号主变压器本体轻瓦斯
5	09:58:36.123	全站公用信号全站事故总
6	09:58:36.123	1 号主变压器本体重瓦斯
7	09:58:36.201	110kV 乙一线 191 断路器分位—合
8	09:58:36.201	110kV 乙一线 191 断路器合位—分
9	09:58:36.203	110kV 内桥Ⅰ 19M 断路器分位—合

序号	时　间	报　文　信　息
10	09:58:36.203	110kV 内桥 I 19M 断路器合位—分
11	09:58:36.204	1 号主变压器 10kV 侧分支一 99A 断路器分位—合
12	09:58:36.204	1 号主变压器 10kV 侧分支一 99A 断路器合位—分
13	09:58:36.204	1 号主变压器 10kV 侧分支二 99D 断路器分位—合
14	09:58:36.204	1 号主变压器 10kV 侧分支二 99D 断路器合位—分
15	09:58:45.215	110kV 公用信号 iPACS5731D 备自投装置告警
16	09:58:45.215	3 号主变压器 iPACS5941D（I 套）高压侧 TV 异常
17	09:58:45.215	3 号主变压器 iPACS5941D（I 套）低压侧 TV 异常（3 号主变压器侧分支一 99C）
18	09:58:45.215	3 号主变压器 iPACS5941D（I 套）低压侧 TV 异常（3 号主变压器侧分支二 99F）
19	09:58:45.215	3 号主变压器 iPACS5941D（II 套）高压侧 TV 异常
20	09:58:45.215	3 号主变压器 iPACS5941D（II 套）低压侧 TV 异常（3 号主变压器侧分支一 99C）
21	09:58:45.215	3 号主变压器 iPACS5941D（II 套）低压侧 TV 异常（3 号主变压器侧分支二 99F）
22	09:58:45.215	110kV 公用信号 I 母计量电压消失
23	09:58:45.215	110kV 公用信号 II 母计量电压消失
24	09:58:45.215	110kV 公用信号 III 母计量电压消失
25	09:58:45.215	10kV 公用信号 I 母计量电压消失
26	09:58:45.215	10kV 公用信号 II 母计量电压消失
27	09:58:45.215	10kV 公用信号 V 母计量电压消失
28	09:58:45.215	10kV 公用信号 VI 母计量电压消失
29	09:58:45.326	400V 公用信号交流总故障
30	09:58:45.326	400V 公用信号一段交流总故障
31	09:58:45.326	400V 公用信号二段交流总故障
32	09:58:45.326	400V 公用信号一段交流母线 A 相欠压
33	09:58:45.326	400V 公用信号一段交流母线 B 相欠压
34	09:58:45.326	400V 公用信号一段交流母线 C 相欠压
35	09:58:45.326	400V 公用信号二段交流母线 A 相欠压

序号	时　　间	报　文　信　息
36	09:58:45.326	400V 公用信号二段交流母线 B 相欠压
37	09:58:45.326	400V 公用信号二段交流母线 C 相欠压
38	09:58:45.326	全站公用信号交流电源系统故障
39	09:58:45.326	全站公用信号 UPS 交流输入欠压
40	09:58:45.326	直流系统充电柜交流故障
41	09:58:45.326	直流系统充电机交流输入欠压
42	09:58:45.326	直流系统充电机一路交流故障
43	09:58:45.326	直流系统充电机二路交流故障

4. 报文分析判断

报文第 1、2 项"110kV 乙一线 191 合智一体（Ⅰ套）装置异常、乙一线 191 合智一体（Ⅰ套）运行异常"，出现在事故跳闸之前。报文第 7~8 项"1 号主变压器本体重瓦斯""1 号主变压器有载重瓦斯"，跳各侧开关之后，110kV 备自投未动作，全站失电压。

初步判断可能原因：（1）110kV 乙一线 191 合智一体（Ⅰ套）装置异常，无法发送191位置信号到110kV备自投装置。1号主变压器非电量跳闸后，110kV 备自投满足动作条件，先发 110kV 乙一线 191 断路器跳闸信号到 110kV 乙一线 191 合智一体（Ⅰ套）装置，未收不到 110kV 乙一线 191 断路器跳位信号，无法执行后续合备用电源开关的动作行为；（2）110kV 备自投合 110kV 乙二线 193 断路器压板未投入或整定定值出错（无合 193 断路器报文事项，排除 193 断路器本体拒动的可能）。

5. 处理参考步骤

（1）阅读并分析报文、检查相关保护和设备。

（2）检查发现 110kV 备自投装置面板 110kV 乙一线 191 断路器位置指示灯仍显示在合闸位置，而 110kV 乙一线 191 断路器实际位置确在分位；检查 1 号主变压器外观无明显异常；检查 110kV 内桥 Ⅰ 19M 断路器在分位。

（3）断开站内失电压断路器。

（4）查 110kV 乙二线 193 线路有压，手动合上 3 号主变压器中性点刀闸，合上 110kV 乙二线 193 断路器，3 号主变压器充电正常后，断开 3 号主变压器中性点刀闸。

（5）按调令合上 3 号主变压器 10kV 侧 99C、99F 断路器，恢复 10kV Ⅴ、Ⅵ母线电压。

（6）恢复 400V 站用电。

（7）按调令合上 10kV 母联 99M、99W 断路器，恢复 10kV Ⅰ、Ⅱ母线电压。

（8）按调令恢复 10kV 各母线上的出线断路器。

（9）检查 1 号主变压器瓦斯继电器，取气保存交检修专业人员处理。

（10）将 1 号主变压器转检修，等待检修处理。

（11）将 110kV 乙一线 191 合智一体（Ⅰ套）装置重启，恢复正常。

（12）按调令，用 110kV 乙一线 191 断路器对 110kV Ⅰ段母线充电运行。

（13）检查 110kV 备自投装置充电正常（在 1 号主变压器停电期间，考虑 110kV Ⅰ段母线故障的影响，不得退出其差动保护功能，并确认 1 号主变压器保护与备自投之间链路正常）。

6. 案例要点分析

110kV 主变压器配置单套本体智能终端，内含非电量保护，非电量跳闸信号直接经电缆接到对应开关的跳闸线圈。主变压器两套电量保护，对应开关的智能终端也配置双套，但只有其中一套智能终端与备自投装置链路上有连接并进行信息交互处理。与备自投有连接的那一套智能终端装置异常、链路异常，影响备自投装置的正确动作。

本次跳闸的故障分析：110kV 乙一线 191 合智一体（Ⅰ套）与 110kV 备自投装置有连接，当 110kV 乙一线 191 合智一体装置异常，110kV 备自投在 191 断路器未跳闸时，无异常，仍在充电状态。1 号主变压器非电量保护动作后，跳闸信号经保护跳闸出口硬压板直接接入开关跳闸线圈，分别跳开 110kV 乙一线 191 断路器、110kV 内桥Ⅰ 19M 断路器、1 号主变压器 10kV 侧分支一 99A 断路器、1 号主变压器 10kV 侧分支二 99D 断路器。110kV 备自投满足动作条件，发出跳 110kV 乙一线 191 断路器的跳闸报文至 110kV 乙一线 191 合智一体（Ⅰ套），经延时，未收到 110kV 乙一线 191 合智一体（Ⅰ套）发送的断路器变位信息，无法执行后续合 110kV 乙二线 193 跳闸的动作。

案例 5 仿真一变电站 220kV 线路第一套保护停役，第二套智能终端跳闸出口压板误解

1. 主接线运行方式

220kV 双母线并列运行，220kV 甲一线 261、1 号主变压器 220kV 侧 26A

断路器接Ⅰ段母线运行，220kV甲二线264、2号主变压器220kV侧26B断路器接Ⅱ段母线运行。

110kV双母线并列运行，110kV乙一线161、1号主变压器110kV侧16A断路器接Ⅰ段母线运行，乙二线162、2号主变压器110kV侧16B断路器接Ⅱ段母线运行。

10kV单母线分列运行。26B8、16A8、16B8中性点接地刀闸在合。

2. 保护配置情况

主变压器配置两套PST-1200保护、双合并单元、双智能终端；220kV线路保护配置PCS-902C（对应智能终端PCS-222）和PSL-603U（对应智能终端PSIU-601）、双合并单元；220kV母差保护配置两套PCS-915母差保护；110kV母差保护配置一套PCS-915母差保护；110kV线路配置一套四方测控保护一体化装置、一套合并单元和智能终端。

3. 事故概况

（1）事故起因：220kV甲二线264单元PSL-603U保护调试工作，将PCS-222智能终端出口硬压板误解除，工作期间220kV甲二线264线路故障。

（2）具体报文信息见表2-5。

表2-5　　　　　　　　　报　文　信　息

序号	时　间	报　文　信　息
1	11:18:13.202	录波器起动
2	11:18:13.202	220kV甲一线261线路902C保护起动
3	11:18:13.202	220kV甲一线261线路603U保护起动
4	11:18:13.202	220kV甲二线264 PCS902GC保护起动
5	11:18:13.202	220kV公用信号 PCS915母差保护（Ⅰ套）装置告警
6	11:18:13.202	220kV公用信号 PCS915母差保护（Ⅱ套）装置告警
7	11:18:13.202	220kV公用信号 PCS915母差保护（Ⅰ套）Ⅰ母电压闭锁开放
8	11:18:13.202	220kV公用信号 PCS915母差保护（Ⅱ套）Ⅰ母电压闭锁开放
9	11:18:13.202	220kV公用信号 PCS915母差保护（Ⅰ套）Ⅱ母电压闭锁开放
10	11:18:13.202	220kV公用信号 PCS915母差保护（Ⅱ套）Ⅱ母电压闭锁开放
11	11:18:13.215	220kV甲二线264 PCS902GC保护动作
12	11:18:13.215	220kV甲二线264 PCS902GC纵联保护
13	11:18:13.215	220kV甲二线264 PCS902GC纵联零序动作

续表

序号	时 间	报 文 信 息
14	11:18:13.215	220kV 甲二线 264 PCS902GC 纵联距离动作
15	11:18:13.345	220kV 甲二线 264 PCS902GC 相间距离Ⅰ段动作
16	11:18:13.345	220kV 甲二线 264 PCS902GC 接地距离Ⅰ段动作
17	11:18:13.542	220kV 公用信号 PCS915 母差保护（Ⅱ套）Ⅱ母失灵
18	11:18:13.542	220kV 公用信号 PCS915 母差保护（Ⅱ套）Ⅱ母失灵跳母联
19	11:18:13.590	220kV 母联 26M 断路器合位—分
20	11:18:13.590	220kV 母联 26M 断路器分位—合
21	11:18:13.591	2 号主变压器 220kV 侧 26B 断路器合位—分
22	11:18:13.591	2 号主变压器 220kV 侧 26B 断路器分位—合
23	11:18:14.103	220kV 甲一线 261 线路 902C 保护起动—复归
24	11:18:14.103	220kV 甲一线 261 线路 603U 保护起动—复归
25	11:18:18.112	2 号主变压器 PST1200U（Ⅰ套）告警总信号
26	11:18:18.112	2 号主变压器 PST1200U（Ⅱ套）告警总信号
27	11:18:18.112	2 号主变压器 PST1200U（Ⅱ套）事故总信号
28	11:18:18.112	220kV 甲二线 264 PCS902GC 其他保护停信
29	11:18:18.112	220kV 甲二线 264 PCS902GC 同期 TV 断线
30	11:18:18.112	220kV 甲二线 264 合并单元（Ⅰ套）装置告警
31	11:18:18.112	220kV 甲二线 264 合并单元（Ⅱ套）装置告警

4. 报文分析判断

报文第 11～17 项"220kV 甲二线 264 PCS902GC 保护动作、纵联保护动作、纵联零序动作、纵联距离动作、距离加速动作、相间距离Ⅰ段动作、接地距离Ⅰ段动作……"，随后出现第 18 项"220kV 公用信号 PCS915 母差保护（Ⅱ套）Ⅱ母失灵"，报文中出现 2 号主变压器 220kV 侧 26B、220kV 母联 26M 断路器跳闸事项，未出现 220kV 甲二线 264 断路器跳闸事项。

通过分析可初步判断：220kV 甲二线 264 线路故障，902 保护动作，但断路器未跳开引起失灵动作跳 220kVⅡ段母线上其他断路器。

5. 处理参考步骤

（1）阅读并分析报文、检查相关保护和设备。

（2）调整运行设备。投入 2 号主变压器两套保护 220kV 侧退电压压板，合上 1 号主变压器 220kV 侧 26A8 中性点接地刀闸。

（3）检查综自机 220kV 甲二线 264.PCS902GC 保护跳闸出口软压板确已投入，220kV 甲二线 264.PCS902GC 保护发出、智能终端接收的 GOOSE 直跳链路正常；220kV 甲二线 264.PCS902GC 保护装置面板上跳闸出口灯亮，液晶显示事项与后台报文相符；220kV PCS915 母差保护（Ⅱ套）装置面板失灵指示灯亮……；检查 PCS-222 智能终端装置面板上跳闸指示灯亮，保护跳闸出口硬压板未投入。

（4）立即投入 220kV 甲二线 264 断路器汇控柜上 PCS-222 智能终端保护跳闸出口硬压板。

（5）按调令将 220kV 甲二线 264 断路器转冷备用。

（6）按调令合上 26M 断路器，对 220kV Ⅱ段母线充电正常。

（7）解除 2 号主变压器两套保护 220kV 侧退电压压板，按调令合上 2 号主变压器 220kV 侧 26B 断路器。

（8）按调令断开 1 号主变压器 220kV 侧 26A8 中性点接地刀闸。

6. 案例要点分析

智能终端的跳闸出口硬压板作用：保护跳闸通过 GOOSE 出口的（含直跳 GOOSE 和组网 GOOSE），其跳闸报文信号通过 GOOSE 链路发送到智能终端，经智能终端进行报文解析、处理后，转换为模拟信号，通过跳闸出口硬压板接入对应开关的跳闸线圈。对于双重化保护，两套保护分别与两套智能终端、两套母差保护对应联系，不能交叉停役。

本次跳闸的故障分析：220kV 甲二线 264 线路 603 保护（第一套）调试工作期间，仅剩 902 保护（第二套）在运行，线路故障 902 保护动作后，跳闸报文发送到对应 PCS-222 智能终端（第二套），902 保护的起动失灵报文经过 GOOSE 交换机 B 网发送到第二套母差保护。220kV 甲二线 264 断路器 PCS-222 智能终端（第二套）收到报文后，进行报文解析、处理，发出跳闸命令，装置面板"跳闸"灯点亮。由于 PCS-222 智能终端（第二套）跳闸出口硬压板被解除，跳闸命令无法发送到开关跳闸线圈，开关无法跳闸，故障未切除。第二套母差保护收到失灵启动报文，判断满足失灵动作条件，失灵动作切除 220kV Ⅱ段母线上的 220kV 甲二线 264、母联 26M、2 号主变压器 220kV 侧 26B 断路器。220kV 甲二线 264 断路器 PCS-222 智能终端（第二套），再次收到第二套母差保护的跳闸报文后，解析处理，并发送，仍然无法跳开。

220kV 甲二线 264 断路器的第一套智能终端虽然运行正常，但无法接收第二套保护装置的跳闸报文。

案例 6　仿真二变电站主变压器 220kV 侧智能终端结合主变压器停电消缺

1. 主接线运行方式

220kV 系统为内桥接线方式：甲一线 271、甲二线 272、桥 27M 断路器运行。

110kV 系统：1 号主变压器 110kV 侧 17A、乙一线 175、乙三线 177 接 Ⅰ 母线运行，2 号主变压器 110kV 侧 17B、乙二线 176、乙四线 178 接 Ⅱ 母线运行，母联 17M 断路器运行。

10kV 系统：Ⅰ、Ⅱ 母线分列运行。

中性点方式描述：27A8 分，27B8 合，17A8、17B8 合位。

2. 保护配置情况

220kV 线路 271、272 保护配置 PCS-931 和 CSC-103B 装置各一套；220kV 断路器 271、272、27M 保护配置 PCS-921G 和 CSC-121A 装置各一套；短引线保护配置两套 PCS-922G 装置；主变压器保护配置两套 PCS978GE-D 装置；断路器智能终端配置两套，主变压器高压侧智能终端配置一套。

110kV 母线保护配置国电南自 SGB-750，110kV 线路保护配置南瑞继保 PCS-941A、线路重合闸未投入，保护均采用直采直跳方式。

3. 事故概况

（1）事故起因：1 号主变压器 220kV 侧智能终端缺陷，未处理。计划结合主变压器、停电一、二次消缺，1 号主变压器停电期间，220kV Ⅰ 段母线故障，短引线保护拒动，甲一线 271、甲二线 272 两路对侧跳闸，全站失电压。

（2）具体报文信息见表 2-6。

表 2-6　　　　　　　　　报　文　信　息

序号	时　间	报　文　信　息
1	13:11:06.705	220kV 甲一线 271 线路保护 PCS931AM 保护起动
2	13:11:06.705	220kV 甲一线 271 线路保护 CSC103B 保护起动
3	13:11:06.705	220kV 甲二线 272 线路保护 PCS931AM 保护起动
4	13:11:06.705	220kV 甲二线 272 线路保护 CSC103B 保护起动

续表

序号	时　间	报　文　信　息
5	13:11:06.705	220kV 母联 27M 保护 PCS921G–D 保护起动
6	13:11:06.705	220kV 母联 27M 保护 CSC121AE 保护起动
7	13:11:06.705	220kV 甲一线 271 保护 PCS921G–D 保护起动
8	13:11:06.705	220kV 甲一线 271 保护 CSC121AE 保护起动
9	13:11:06.705	220kV 甲二线 272 保护 PCS921G–D 保护起动
10	13:11:06.705	220kV 甲二线 272 保护 CSC121AE 保护起动
11	13:11:06.705	110kV 母线差动保护电压开放
12	13:11:07.135	220kV Ⅰ 段母线 A 相电压越下限
13	13:11:07.135	220kV Ⅰ 段母线 B 相电压越下限
14	13:11:07.135	220kV Ⅰ 段母线 C 相电压越下限
15	13:11:07.135	220kV Ⅱ 段母线 A 相电压越下限
16	13:11:07.135	220kV Ⅱ 段母线 B 相电压越下限
17	13:11:07.135	220kV Ⅱ 段母线 C 相电压越下限
18	13:11:07.135	110kV Ⅰ 段母线 A 相电压越下限
19	13:11:07.135	110kV Ⅰ 段母线 B 相电压越下限
20	13:11:07.135	110kV Ⅰ 段母线 C 相电压越下限
21	13:11:07.135	110kV Ⅱ 段母线 A 相电压越下限
22	13:11:07.135	110kV Ⅱ 段母线 B 相电压越下限
23	13:11:07.135	110kV Ⅱ 段母线 C 相电压越下限
24	13:11:07.135	10kV Ⅰ 段母线 A 相电压越下限
25	13:11:07.135	10kV Ⅰ 段母线 B 相电压越下限
26	13:11:07.135	10kV Ⅰ 段母线 C 相电压越下限
27	13:11:07.135	10kV Ⅱ 段母线 A 相电压越下限
28	13:11:07.135	10kV Ⅱ 段母线 B 相电压越下限
29	13:11:07.135	10kV Ⅱ 段母线 C 相电压越下限
30	13:11:07.162	400V 公用信号交流系统故障总告警
31	13:11:07.162	400V 公用信号 Ⅰ 段交流母线欠电压
32	13:11:07.162	400V 公用信号 Ⅱ 段交流母线欠电压

序号	时　间	报 文 信 息
33	13:11:07.162	直流系统一组充电机组输出欠电压报警
34	13:11:07.162	直流系统二组充电机组输出欠电压报警
35	13:11:07.162	全站公用信号 1 号 UPS 交流输入异常
36	13:11:07.162	全站公用信号 2 号 UPS 交流输入异常

4. 报文分析判断

报文显示站内各级母线均失电压，站内无保护动作事项。可能原因：（1）系统故障，两路 220kV 进线对侧故障跳闸；（2）站内故障，保护拒动，越级引起对侧跳闸。

5. 处理参考步骤

（1）由于站内无保护动作事项，询问调度得知，对侧保护动作情况为 220kV 甲一线 271 对侧线路主保护未动作，距离Ⅱ段动作跳闸，220kV 甲二线 272 对侧线路主保护未动作，距离Ⅱ段动作跳闸。

（2）通过对侧保护动作情况，判断故障点可能在站内，因保护拒动引起越级。查找站内故障点，发现 220kV 甲一线 2711 刀闸 GIS 气室温度异常升高。

（3）拉开站内失电压断路器，保留 220kV 甲二线 272 断路器运行，等待对侧充电。

（4）将 220kVⅠ段母线转检修。

（5）通过 220kV 甲二线 272 断路器对 220kVⅡ段母线充电正常后，恢复 2 号主变压器、110kV 设备 10kV 设备送电。

6. 案例要点分析

220kV 内桥接线方式，短引线保护是否投入，判断依据是主变压器 220kV 侧刀闸位置，主变压器 220kV 侧刀闸在合位，短引线保护退出，主变压器 220kV 侧刀闸分位，短引线保护投入。主变压器 220kV 侧刀闸的位置信息通过主变压器 220kV 侧智能终端发送到短引线保护。仅配置一套主变压器 220kV 侧智能终端时，该智能终端分别发送刀闸位置信息到两套短引线保护。当主变压器 220kV 侧智能终端异常时，两套短引线保护均受影响。

本案例中，1 号主变压器 220kV 侧智能终端缺陷，当 1 号主变压器保持运行时，220kVⅠ段母线短引线保护不需要投入，没有造成影响。在 1 号主变压器停电，220kV I 段母线恢复运行，该方式下应该投入短引线保护。由于 1 号主变压器 220kV 侧智能终端存在缺陷，无法将 1 号主变压器 220kV 侧刀闸分位信号发送到 220kV I 段母线两套短引线保护，造成两套短引线保护均处于未投入状态，在 220kV I 段母线故障时，无法正确动作。两条 220kV 进线对侧全部跳闸，全站失电压。

本案例中，1 号主变压器停电消缺，是为了处理 1 号主变压器 220kV 侧智能终端缺陷，应考虑其对 220kV I 段母线短引线保护的影响，未采取措施之前，220kV I 段母线不可无保护运行。

案例 7　仿真一变电站 220kV 母联第二套保护工作，第一套智能终端跳闸出口压板误解

1. 主接线运行方式

220kV 双母线并列运行，220kV 甲一线 261、1 号主变压器 220kV 侧 26A 断路器接 I 段母线运行，220kV 甲二线 264、2 号主变压器 220kV 侧 26B 断路器接 II 段母线运行。

110kV 双母线并列运行，110kV 乙一线 161、1 号主变压器 110kV 侧 16A 断路器接 I 段母线运行，乙二线 164、2 号主变压器 110kV 侧 16B 断路器接 II 段母线运行。

10kV 单母线分列运行。26B8、16A8、16B8 中性点接地刀闸在合。

2. 保护配置情况

主变压器配置两套 PST-1200 保护、双合并单元、双智能终端；220kV 线路保护配置 PCS-902C（对应智能终端 PCS-222）和 PSL-603U（对应智能终端 PSIU-601）、双合并单元；220kV 母差保护配置两套 PCS-915 母差保护；110kV 母差保护配置一套 PCS-915 母差保护；110kV 线路配置一套四方测控保护一体化装置、一套合并单元和智能终端。

3. 事故概况

（1）事故起因：220kV 母联 26M 断路器第二套保护、测控、合并单元、智能终端工作，工作中将第一套终端出口误解除，220kV I 段母线故障，220kV 母联 26M 无法跳开，全站失电压。

（2）具体报文信息见表 2-7。

表 2-7　　　　　　　　　　　报 文 信 息

序号	时　间	报 文 信 息
1	10:11:03.236	110kV 公用信号 PCS915B 母差保护 I 母电压闭锁开放
2	10:11:03.236	110kV 公用信号 PCS915B 母差保护 II 母电压闭锁开放
3	10:11:03.236	220kV 公用信号 PCS915 母差保护（I 套）I 母电压闭锁开放
4	10:11:03.236	220kV 公用信号 PCS915 母差保护（I 套）II 母电压闭锁开放
5	10:11:03.236	220kV 公用信号 PCS915 母差保护（II 套）I 母电压闭锁开放
6	10:11:03.236	220kV 公用信号 PCS915 母差保护（II 套）II 母电压闭锁开放
7	10:11:03.236	220kV 甲一线 261 PCS902GC 保护起动
8	10:11:03.236	220kV 甲一线 261 PSL603U 保护起动
9	10:11:03.258	220kV 公用信号 PCS915 母差保护（I 套）稳态量差动跳 I 母
10	10:11:03.258	220kV 公用信号 PCS915 母差保护（I 套）变化量差动跳 I 母
11	10:11:03.258	220kV 公用信号 PCS915 母差保护（II 套）稳态量差动跳 I 母
12	10:11:03.258	220kV 公用信号 PCS915 母差保护（II 套）变化量差动跳 I 母
13	10:11:03.258	220kV 公用信号 PCS915 母差保护（I 套）差动跳母联
14	10:11:03.258	220kV 公用信号 PCS915 母差保护（II 套）差动跳母联
15	10:11:03.325	220kV 甲一线 261 断路器 A 相分位—合
16	10:11:03.325	220kV 甲一线 261 断路器 A 相合位—分
17	10:11:03.325	220kV 甲一线 261 断路器 B 相分位—合
18	10:11:03.325	220kV 甲一线 261 断路器 B 相合位—分
19	10:11:03.325	220kV 甲一线 261 断路器 C 相分位—合
20	10:11:03.325	220kV 甲一线 261 断路器 C 相合位—分
21	10:11:03.325	1 号主变压器 26A 断路器 A 相分位—合
22	10:11:03.325	1 号主变压器 26A 断路器 A 相合位—分
23	10:11:03.325	1 号主变压器 26A 断路器 B 相分位—合
24	10:11:03.325	1 号主变压器 26A 断路器 B 相合位—分
25	10:11:03.325	1 号主变压器 26A 断路器 C 相分位—合
26	10:11:03.325	1 号主变压器 26A 断路器 C 相合位—分
27	10:11:03.325	220kV 甲一线 261 PCS902GC 其他保护停信
28	10:11:03.525	220kV 公用信号 PCS915 母差保护（I 套）母联失灵跳母线

序号	时　间	报　文　信　息
29	10:11:03.525	220kV 公用信号 PCS915 母差保护（Ⅱ套）母联失灵跳母线
30	10:11:03.582	220kV 甲二线 264 断路器 A 相分位—合
31	10:11:03.582	220kV 甲二线 264 断路器 A 相合位—分
32	10:11:03.582	220kV 甲二线 264 断路器 C 相分位—合
33	10:11:03.582	220kV 甲二线 264 断路器 C 相合位—分
34	10:11:03.582	220kV 甲二线 264 断路器 C 相分位—合
35	10:11:03.582	220kV 甲二线 264 断路器 C 相合位—分
36	10:11:03.582	2 号主变压器 26B 断路器 A 相分位—合
37	10:11:03.582	2 号主变压器 26B 断路器 A 相合位—分
38	10:11:03.582	2 号主变压器 26B 断路器 B 相分位—合
39	10:11:03.582	2 号主变压器 26B 断路器 B 相合位—分
40	10:11:03.582	2 号主变压器 26B 断路器 C 相分位—合
41	10:11:03.582	2 号主变压器 26B 断路器 C 相合位—分
42	10:11:03.582	220kV 甲二线 264 PCS902GC 其他保护停信
43	10:11:03.582	110kV 公用信号 PCS915B 母差保护Ⅰ母电压闭锁开放—信号复归
44	10:11:03.582	110kV 公用信号 PCS915B 母差保护Ⅱ母电压闭锁开放—信号复归
45	10:11:03.582	220kV 公用信号 PCS915 母差保护（Ⅰ套）Ⅰ母电压闭锁开放—信号复归
46	10:11:03.582	220kV 公用信号 PCS915 母差保护（Ⅰ套）Ⅱ母电压闭锁开放—信号复归
47	10:11:03.582	220kV 公用信号 PCS915 母差保护（Ⅱ套）Ⅰ母电压闭锁开放—信号复归
48	10:11:03.582	220kV 公用信号 PCS915 母差保护（Ⅱ套）Ⅱ母电压闭锁开放—信号复归
49	10:11:03.582	直流系统Ⅰ段充电屏整流模块交流Ⅰ段失电
50	10:11:03.582	直流系统Ⅰ段充电屏整流模块交流Ⅱ段失电
51	10:11:03.582	直流系统Ⅱ段充电屏整流模块交流Ⅰ段失电
52	10:11:03.582	直流系统Ⅱ段充电屏整流模块交流Ⅱ段失电

4. 报文分析判断

报文第 9~14 项，"PCS915 母差保护（Ⅰ套）稳态量差动跳Ⅰ母""PCS915

母差保护（Ⅰ套）变化量差动跳Ⅰ母""PCS915 母差保护（Ⅱ套）稳态量差动跳Ⅰ母""PCS915 母差保护（Ⅱ套）变化量差动跳Ⅰ母""PCS915 母差保护（Ⅰ套）差动跳母联""PCS915 母差保护（Ⅱ套）差动跳母联"，随后 220kV 甲一线 261、1 号主变压器 220kV 侧 26A 断路器跳开，未见 220kV 母联 26M 断路器的跳闸报文。接着，220kV 两套母差均发"母联死区动作"、"母联失灵跳母线"报文，以及 220kV 甲二线 26 线、2 号主变压器 220kV 侧 26B 断路器跳闸报文。全站失电压。

通过分析可判断，220kV Ⅰ母差动跳闸后，母联死区动作、母联失灵动作。由于 220kV 母联 26M 断路器未跳开，较大可能性是母联失灵。由于 220kV 母联 26M 间隔第二套设备工作。仅第一套智能终端能够接收 PCS915 母差保护（Ⅰ套）发出的跳闸报文并进行处理。由于报文未出现 220kV 母联 26M 断路器第一套智能终端 GOOSE 链路异常、装置告警、检修不一致告警等异常信号，可以排除 GOOSE 链路中断、装置故障、误投检修、控制回路断线等原因，初步判断 220kV 母联 26M 断路器拒动的可能原因是 220kV 母联 26M 断路器第一套智能终端跳闸出口硬压板漏投，开关本体故障。

5. 处理参考步骤

（1）阅读并分析报文、检查相关保护和设备。

（2）断开站内失电压断路器。

（3）检查发现 220kV 母联 26M 断路器第一套智能终端跳闸出口硬压板漏投，立即投入。

（4）检查一次设备，发现 220kV 甲一线 2611 刀闸气室温度明显高于其他气室。

（5）将 220kV 母联 26M 断路器转冷备用，将 1 号主变压器 220kV 侧 26A 断路器冷倒至Ⅱ段母线。

（6）合上 220kV 甲二线 264 断路器，等待对侧充电。

（7）220kV Ⅱ段母线充电正常后，恢复主变压器、110kV、10kV 设备送电。

6. 案例要点分析

双重化配置的设备，一次设备运行中，二次设备一套退出进行检修工作时，应确认另一套二次设备功能完整，不能出现交叉停运，否则将造成两套保护均无效。

案例 8　仿真一变电站主变压器 10kV 侧第一套智能终端故障

1. 主接线运行方式

220kV 双母线并列运行，220kV 甲一线 261、1 号主变压器 220kV 侧 26A 断路器接Ⅰ段母线运行，220kV 甲二线 264、2 号主变压器 220kV 侧 26B 断路器接Ⅱ段母线运行。

110kV 双母线并列运行，110kV 乙一线 161、1 号主变压器 110kV 侧 16A 断路器接Ⅰ段母线运行，110kV 乙二线 164、2 号主变压器 110kV 侧 16B 断路器接Ⅱ段母线运行。

10kV 单母线分列运行。26B8、16A8、16B8 中性点接地刀闸在合。

2. 保护配置情况

主变压器配置两套 PST-1200 保护、双合并单元、双智能终端；220kV 线路保护配置 PCS-902C（对应智能终端 PCS-222）和 PSL-603U（对应智能终端 PSIU-601）、双合并单元；220kV 母差保护配置两套 PCS-915 母差保护；110kV 母差保护配置一套 PCS-915 母差保护；110kV 线路配置一套四方测控保护一体化装置、一套合并单元和智能终端。

3. 事故概况

（1）1 号主变压器 10kV 侧 66A 断路器第一套智能终端故障。220kVⅠ段母线故障，1 号主变压器 220kV 侧 26A 断路器失灵联跳三侧后，10kV 备投无法动作。

（2）具体报文信息见表 2-8。

表 2-8　　　　　　　　报　文　信　息

序号	时　间	报　文　信　息
1	6:10:23.610	1 号主变压器低压侧操作箱（Ⅰ套）装置故障
2	9:23:10.452	110kV 公用信号 PCS915B 母差保护Ⅰ母电压闭锁开放
3	9:23:10.452	110kV 公用信号 PCS915B 母差保护Ⅱ母电压闭锁开放
4	9:23:10.452	220kV 公用信号 PCS915 母差保护（Ⅰ套）Ⅰ母电压闭锁开放
5	9:23:10.452	220kV 公用信号 PCS915 母差保护（Ⅰ套）Ⅱ母电压闭锁开放
6	9:23:10.452	220kV 公用信号 PCS915 母差保护（Ⅱ套）Ⅰ母电压闭锁开放
7	9:23:10.452	220kV 公用信号 PCS915 母差保护（Ⅱ套）Ⅱ母电压闭锁开放
8	9:23:10.452	220kV 甲一线 261 PCS902GC 保护起动

续表

序号	时　间	报　文　信　息
9	9:23:10.452	220kV 甲一线 261 PSL603U 保护起动
10	9:23:10.472	220kV 公用信号 PCS915 母差保护（Ⅰ套）稳态量差动跳Ⅰ母
11	9:23:10.472	220kV 公用信号 PCS915 母差保护（Ⅰ套）变化量差动跳Ⅰ母
12	9:23:10.472	220kV 公用信号 PCS915 母差保护（Ⅱ套）稳态量差动跳Ⅰ母
13	9:23:10.472	220kV 公用信号 PCS915 母差保护（Ⅱ套）变化量差动跳Ⅰ母
14	9:23:10.472	220kV 公用信号 PCS915 母差保护（Ⅰ套）差动跳母联
15	9:23:10.472	220kV 公用信号 PCS915 母差保护（Ⅱ套）差动跳母联
16	9:23:10.530	220kV 甲一线 261 断路器 A 相分位—合
17	9:23:10.530	220kV 甲一线 261 断路器 A 相合位—分
18	9:23:10.530	220kV 甲一线 261 断路器 B 相分位—合
19	9:23:10.530	220kV 甲一线 261 断路器 B 相合位—分
20	9:23:10.530	220kV 甲一线 261 断路器 C 相分位—合
21	9:23:10.530	220kV 甲一线 261 断路器 C 相合位—分
22	9:23:10.530	220kV 母联 26M 断路器 A 相分位—合
23	9:23:10.530	220kV 母联 26M 断路器 A 相合位—分
24	9:23:10.530	220kV 母联 26M 断路器 B 相分位—合
25	9:23:10.530	220kV 母联 26M 断路器 B 相合位—分
26	9:23:10.530	220kV 母联 26M 断路器 C 相分位—合
27	9:23:10.530	220kV 母联 26M 断路器 C 相合位—分
28	9:23:10.530	220kV 甲一线 261 PCS902GC 其他保护停信
29	9:23:10.545	1 号主变压器 PST1200U（Ⅰ套）高压侧失灵联跳保护动作
30	9:23:10.545	1 号主变压器 PST1200U（Ⅱ套）高压侧失灵联跳保护动作
31	9:23:10.602	1 号主变压器 16A 断路器三相分位—合
32	9:23:10.602	1 号主变压器 16A 断路器三相合位—分
33	9:23:10.602	110kV 公用信号 PCS915B 母差保护Ⅰ母电压闭锁开放—复归
34	9:23:10.602	110kV 公用信号 PCS915B 母差保护Ⅱ母电压闭锁开放—复归
35	9:23:10.602	220kV 公用信号 PCS915 母差保护（Ⅰ套）Ⅱ母电压闭锁开放—复归
36	9:23:10.602	220kV 公用信号 PCS915 母差保护（Ⅱ套）Ⅱ母电压闭锁开放—复归

续表

序号	时 间	报 文 信 息
37	9:23:10.602	直流系统Ⅰ段充电屏整流模块交流Ⅰ段失电
38	9:23:10.602	直流系统Ⅰ段充电屏整流模块交流Ⅱ段失电
39	9:23:10.602	10kV 公用信号 CSC246 Ⅰ-Ⅱ段自投备自投起动
40	9:23:11.902	10kV 1 号电容器 619 CSC221A 欠电压动作
41	9:23:11.902	10kV 3 号电容器 659 CSC221A 欠电压动作
42	9:23:11.962	10kV 1 号电容器 619 断路器分位一合
43	9:23:11.962	10kV 1 号电容器 619 断路器合位一分
44	9:23:11.962	10kV 3 号电容器 659 断路器分位一合
45	9:23:11.962	10kV 3 号电容器 659 断路器合位一分
46	9:23:12.125	仿真一变电站 10kV Ⅰ段母线 A 相电压越下限
47	9:23:12.125	仿真一变电站 10kV Ⅰ段母线 B 相电压越下限
48	9:23:12.125	仿真一变电站 10kV Ⅰ段母线 C 相电压越下限
49	9:23:13.102	10kV 公用信号 CSC246 Ⅰ～Ⅱ段自投保护动作
50	9:23:13.102	10kV 公用信号 CSC246 Ⅰ～Ⅱ段自投失电压跳 66A 断路器
51	9:23:13.822	10kV 公用信号 CSC246 Ⅰ～Ⅱ段自投跳闸失败
52	9:23:14.102	400V 公用信号Ⅰ段交流馈线屏 1 号进线主用状态一复归
53	9:23:14.102	400V 公用信号Ⅰ段交流馈线屏 2 号进线主用状态一动作
54	9:23:14.256	直流系统Ⅰ段充电屏整流模块交流Ⅰ段失电一复归
55	9:23:14.256	直流系统Ⅰ段充电屏整流模块交流Ⅱ段失电一复归

4. 报文分析判断

报文内容第 1 项"1 号主变压器低压侧操作箱（Ⅰ套）装置故障"，报文第 10～15 项 220kV Ⅰ段母线差动动作后，跳开 220kV 甲一线 261、母联 26M 断路器，1 号主变压器 220kV 侧 26A 断路器未跳闸。报文第 29、30 项 1 号主变压器两套装置高压侧断路器失灵联跳保护均动作，跳 1 号主变压器 110kV 侧 16A 断路器，无 1 号主变压器 10kV 侧 66A 跳闸变位报文，10kV Ⅰ段母线失压。10kV Ⅰ段上的电容器欠压保护动作跳闸。报文第 49、50 项 10kV 备自投动作后出口跳 1 号主变压器 10kV 侧 66A 断路器，无 66A 跳闸变位报文，无 10kV 备自投合 10kV 母联 66M 断路器的报文。报文第 52、53 项 400V 双电源切换装置动作。

初步分析可能原因：

220kV Ⅰ 段母线差动动作后，1 号主变压器 220kV 侧 26A 断路器拒动，可能原因：① 两套母差跳 26AGOOSE 软压板未投入；② 两套母差与对应 1 号主变压器 220kV 侧 26A 智能终端直跳 GOOSE 链路异常；③ 1 号主变压器 220kV 侧 26A 断路器两套智能终端出口硬压板未投入；④ 1 号主变压器 220kV 侧 26A 断路器两套智能终端检修硬压板误投入；⑤ 1 号主变压器 220kV 侧 26A 断路器两套智能终装置异常；⑥ 1 号主变压器 220kV 侧 26A 断路器本体异常。

主变压器两套保护高压开关失灵均动作，由于故障前 1 号主变压器 10kV 侧 66A 第一套智能终端故障，无法处理其他装置发出的跳闸报文，无法发送 1 号主变压器 10kV 侧 66A 断路器的位置信息，造成后台无法收到 1 号主变压器 10kV 侧 66A 的分位信号。10kV 备自投满足动作条件，发出跳 1 号主变压器 10kV 侧 66A 出口信号，由于收不到 1 号主变压器 10kV 侧 66A 的分位信号，无法继续合 10kV 母分 66M 断路器，造成 10kV Ⅰ 段母线失电压。

5. 处理参考步骤

（1）阅读并分析报文、检查相关保护和设备。

（2）检查未发现上述分析 1 号主变压器 220kV 侧 26A 断路器拒动的前 5 条原因，初步判断由于 1 号主变压器 220kV 侧 26A 本体异常引起拒动，将 1 号主变压器 220kV 侧 26A 断路器转冷备用，通知检修处理。

（3）检查发现 10kV 备自投装置面板上 1 号主变压器 10kV 侧 66A 断路器位置指示灯仍显示在合闸位置，而 1 号主变压器 10kV 侧 66A 断路器实际位置确在分位。

（4）按调令合上 10kV 母联 66M 断路器，恢复 10kV Ⅰ 段母线电压，恢复 10kV Ⅰ 段母线上的其他设备。

（5）查找 220kV Ⅰ 段母线差动范围的故障点，发现 1 号主变压器 220kV 侧 26A1 刀闸气室温度异常，将 220kV 母联 26M 断路器转冷备用，220kV Ⅰ 段母线装检修。由于无法排除 220kV 甲一线 261 间隔是否异常，未经检修确认，220kV 甲一线 261 间隔暂不送电。

6. 案例要点分析

本站主变压器配置双套电量保护，对应 10kV 侧断路器的智能终端设备也配置双套，分别与两套主变压器保护进行信息交互、处理。10kV 备自投装置仅配置一套，能接收来自两套主变压器保护的跳闸信号、闭锁信号，但只能从主变压器 10kV 侧断路器的第一套智能终端采集开关位置信息、跳闸报文也只发送到主变压器 10kV 侧断路器的第一套智能终端。当主变压器 10kV 侧断路器的第一套智能终端装置异常、链路异常，将影响备自投装置的正确动作。

本次跳闸的故障分析：主变压器低压断路器两套智能终端中，仅一套智能终端接收 10kV 备自投装置的 GOOSE 跳闸信号，以及发送 GOOSE 信号至 10kV 备自投装置，用于发送主变压器低压开关位置信号。220kV Ⅰ 段母线差动动作后，1 号主变压器 220kV 侧 26A 断路器拒动。1 号主变压器两套保护高压断路器失灵均动作，跳中低压断路器。由于故障前 1 号主变压器 10kV 侧 66A 第一套智能终端装置故障，第二套智能终端装置正常。由第二套智能终端跳开 1 号主变压器 10kV 侧 66A 断路器，但位置信号仅能通过第一套智能终端发送给 10kV 备自投或后台监控系统，在 1 号主变压器 10kV 侧 66A 第一套智能终端故障的情况下，后台和备自投均无法收到 66A 断路器的位置变化。10kV 备自投满足动作条件，发出跳 1 号主变压器 10kV 侧 66A 出口信号，由于收不到 1 号主变压器 10kV 侧 66A 的分位信号，无法继续合 10kV 母分 66M 断路器。

案例9　仿真二变电站220kV线路双套智能终端跳闸出口压板误解

1. 主接线运行方式

仿真二变电站 220kV 系统为内桥接线方式：甲一线 271、甲二线 272、桥 27M 断路器运行。110kV 系统：1 号主变压器 110kV 侧 17A、乙一线 175、乙三线 177 接 Ⅰ 母运行，2 号主变压器 110kV 侧 17B、乙二线 176、乙四线 178 接 Ⅱ 母运行，母联 17M 断路器运行。10kV 系统：Ⅰ、Ⅱ 母线分列运行。中性点方式描述：27A8 分，27B8 合，17A8、17B8 合位。

2. 保护配置情况

220kV 线路 271、272 保护配置 PCS-931 和 CSC-103B 装置各一套；220kV 断路器 271、272、27M 保护配置：PCS-921G 和 CSC-121A 装置各一套；短引线保护配置两套 PCS-922G 装置；主变压器保护配置两套 PCS978GE-D 装置；断路器智能终端配置两套，主变压器高压侧智能终端配置一套；110kV 母线保护配置国电南自 SGB-750，110kV 线路保护配置南瑞继保 PCS-941A、线路重合闸未投入，保护均采用直采直跳方式。

3. 事故概况

（1）进线 220kV 甲一线 271 断路器两套智能终端出口硬压板被误解，线路故障,断路器失灵跳 220kV 母联 27M 断路器、1 号主变压器中低压侧断路器。

（2）具体报文信息见表 2–9。

表 2–9　　　　　　　　　　报　文　信　息

序号	时　间	报　文　信　息
1	15:08:05.231	220kV 甲一线 271 线路保护 PCS931AM 保护起动
2	15:08:05.231	220kV 甲一线 271 线路保护 CSC103B 保护起动
3	15:08:05.231	220kV 甲二线 272 线路保护 PCS931AM 保护起动
4	15:08:05.231	220kV 甲二线 272 线路保护 CSC103B 保护起动
5	15:08:05.231	220kV 母联 27M 保护 PCS921G–D 保护起动
6	15:08:05.231	220kV 母联 27M 保护 CSC121AE 保护起动
7	15:08:05.231	220kV 甲一线 271 保护 PCS921G–D 保护起动
8	15:08:05.231	220kV 甲一线 271 保护 CSC121AE 保护起动
9	15:08:05.231	220kV 甲二线 272 保护 PCS921G–D 保护起动
10	15:08:05.231	220kV 甲二线 272 保护 CSC121AE 保护起动
11	15:08:05.231	110kV 母线差动保护电压开放
12	15:08:05.243	220kV 甲一线 271 CSC103B 分相差动动作
13	15:08:05.243	220kV 甲一线 271 CSC103B 零序差动动作
14	15:08:05.243	220kV 甲一线 271 CSC103B 纵联差动保护动作
15	15:08:05.243	220kV 甲一线 271 CSC103B 对侧差动动作
16	15:08:05.243	220kV 甲一线 271 CSC103B 接地距离 I 段动作
17	15:08:05.243	220kV 甲一线 271 CSC103B 保护动作
18	15:08:05.243	220kV 甲一线 271 PCS931AM 保护动作
19	15:08:05.243	220kV 甲一线 271 PCS931AM 电流差动保护动作
20	15:08:05.243	220kV 甲一线 271 PCS931AM 工频变化量距离动作
21	15:08:05.243	220kV 甲一线 271 PCS931AM 距离 I 段动作
22	15:08:05.393	220kV 甲一线 271 CSC121AE 保护动作
23	15:08:05.393	220kV 甲一线 271 CSC121AE 失灵保护动作

续表

序号	时　间	报　文　信　息
24	15:08:05.393	220kV 甲一线 271 CSC121AE A 相跟跳动作
25	15:08:05.393	220kV 甲一线 271 CSC121AE B 相跟跳动作
26	15:08:05.393	220kV 甲一线 271 CSC121AE C 相跟跳动作
27	15:08:05.393	220kV 甲一线 271 CSC121AE 三相跟跳动作
28	15:08:05.395	220kV 甲一线 271 PCS921G–D 保护动作
29	15:08:05.395	220kV 甲一线 271 PCS921G–D A 相跟跳动作
30	15:08:05.395	220kV 甲一线 271 PCS921G–D B 相跟跳动作
31	15:08:05.395	220kV 甲一线 271 PCS921G–D C 相跟跳动作
32	15:08:05.395	220kV 甲一线 271 PCS921G–D 三相跟跳动作
33	15:08:05.395	220kV 甲一线 271 PCS921G–D 失灵跳本断路器
34	15:08:05.395	220kV 甲一线 271 PCS921G–D 失灵保护动作
35	15:08:05.603	220kV 母联 27M 断路器 A 相分位—合
36	15:08:05.603	220kV 母联 27M 断路器 A 相合位—分
37	15:08:05.603	220kV 母联 27M 断路器 B 相分位—合
38	15:08:05.603	220kV 母联 27M 断路器 B 相合位—分
39	15:08:05.603	220kV 母联 27M 断路器 C 相分位—合
40	15:08:05.603	220kV 母联 27M 断路器 C 相合位—分
41	15:08:05.653	220kV 甲二线 272 线路保护 PCS931AM 保护起动—复归
42	15:08:05.653	220kV 甲二线 272 线路保护 CSC103B 保护起动—复归
43	15:08:05.653	220kV 甲二线 272 保护 PCS921G–D 保护起动—复归
44	15:08:05.653	220kV 甲二线 272 保护 CSC121AE 保护起动—复归
45	15:08:05.653	220kV 母联 27M 保护 PCS921G–D 保护起动—复归
46	15:08:05.653	220kV 母联 27M 保护 CSC121AE 保护起动—复归
47	15:08:05.703	1 号主变压器 PCS978GE–D（Ⅰ套）高压侧失灵联跳接点 1（271）动作
48	15:08:05.703	1 号主变压器 PCS978GE–D（Ⅱ套）高压侧失灵联跳接点 1（271）动作

序号	时　间	报 文 信 息
49	15:08:05.753	1 号主变压器 110kV 侧 17A 断路器分位—合
50	15:08:05.753	1 号主变压器 110kV 侧 17A 断路器合位—分
51	15:08:05.753	1 号主变压器 10kV 侧 97A 断路器分位—合
52	15:08:05.753	1 号主变压器 10kV 侧 97A 断路器合位—分
53	15:08:05.802	110kV 母线差动保护电压开放—复归
54	15:08:05.802	220kV 甲一线 271 线路保护 PCS931AM 保护起动—复归
55	15:08:05.802	220kV 甲一线 271 线路保护 CSC103B 保护起动—复归
56	15:08:05.802	220kV 甲一线 271 保护 PCS921G–D 保护起动—复归
57	15:08:05.802	220kV 甲一线 271 保护 CSC121AE 保护起动—复归
58	15:08:05.802	220kV 甲一线 271 CSC103B 分相差动动作—复归
59	15:08:05.802	220kV 甲一线 271 CSC103B 零序差动动作—复归
60	15:08:05.802	220kV 甲一线 271 CSC103B 纵联差动保护动作—复归
61	15:08:05.802	220kV 甲一线 271 CSC103B 对侧差动动作—复归
62	15:08:05.802	220kV 甲一线 271 CSC103B 接地距离Ⅰ段动作—复归
63	15:08:05.802	220kV 甲一线 271 CSC103B 保护动作—复归
64	15:08:05.802	220kV 甲一线 271 PCS931AM 保护动作—复归
65	15:08:05.802	220kV 甲一线 271 PCS931AM 电流差动保护动作—复归
66	15:08:05.802	220kV 甲一线 271 PCS931AM 工频变化量距离动作—复归
67	15:08:05.802	220kV 甲一线 271 PCS931AM 距离Ⅰ段动作—复归
68	15:08:05.802	220kV 甲一线 271 CSC121AE 保护动作—复归
69	15:08:05.802	220kV 甲一线 271 CSC121AE 失灵保护动作—复归
70	15:08:05.802	220kV 甲一线 271 PCS921G–D 保护动作—复归
71	15:08:05.802	220kV 甲一线 271 PCS921G–D 失灵跳本断路器—复归
72	15:08:05.802	220kV 甲一线 271 PCS921G–D 失灵保护动作—复归
73	15:08:07.053	10kV 1 号电容器 919 PCS9631D 低电压动作

序号	时　间	报　文　信　息
74	15:08:07.113	10kV 1 号电容器 919 断路器分位—合
75	15:08:07.113	10kV 1 号电容器 919 断路器合位—分
76	15:08:07.753	10kV Ⅰ 段母线 A 相电压越下限
77	15:08:07.753	10kV Ⅰ 段母线 B 相电压越下限
78	15:08:07.753	10kV Ⅰ 段母线 C 相电压越下限
79	15:08:08.303	10kV 公用信号 PCS9651D Ⅰ–Ⅱ 段备自投跳电源 97A 断路器
80	15:08:08.403	10kV 公用信号 PCS9651D Ⅰ–Ⅱ 段备自投，自投合分段 97M 断路器
81	15:08:08.415	10kV 母联 97M 弹簧未储能
82	15:08:08.463	10kV 母联 97M 断路器分位—分
83	15:08:08.463	10kV 母联 97M 断路器合位—合
84	15:08:10.208	10kV 母联 97M 弹簧未储能—复归
85	15:08:10.210	10kV Ⅰ 段母线 A 相电压越下限—复归
86	15:08:10.210	10kV Ⅰ 段母线 B 相电压越下限—复归
87	15:08:10.210	10kV Ⅰ 段母线 C 相电压越下限—复归

4. 报文分析判断

报文第 12～21 项，220kV 甲一线 271 线路两套主保护动作，报文第 22～27 项，220kV 甲一线 271 两套断路器失灵保护动作，跳开 220kV 母联 27M 断路器，报文第 47、48 项，1 号主变压器高压断路器失灵联跳动作，跳开 1 号主变压器 110kV 侧 17A、1 号主变压器 10kV 侧 97A 断路器，之后 10kV 备自投动作。

初步分析可能原因：

220kV 甲一线 271 线路两套主保护动作后，220kV 甲一线 271 断路器拒动，220kV 甲一线 271 断路器失灵跳 220kV 甲一线 271，220kV 甲一线 271 也无法跳开，排除保护软压板漏投、GOOSE 链路异常，可能原因：① 220kV 甲一线 271 断路器两套智能终端出口硬压板未投入；② 220kV 甲一线 271 断路器两套智能终端检修硬压板误投入；③ 220kV 甲一线 271 断路器两套智能终装置异常。④ 220kV 甲一线 271 断路器本体异常。

5. 处理参考步骤

（1）阅读并分析报文、检查相关保护和设备。

（2）检查发现上述分析 220kV 甲一线 271 断路器两套智能终端出口硬压板漏投，立即投入。

（3）将 220kV 甲一线 271 断路器转冷备用。

（4）检查 220kV 母联 27M、1 号主变压器各侧断路器无异常后，将 220kV 母联 27M 转运行，并恢复 1 号主变压器运行，断开 97M 断路器。

（5）按调令对 220kV 甲一线 271 线路侧充电正常后，将 220kV 甲一线 271 断路器转运行。

6. 案例要点分析

本站 220kV 内桥接线方式下，线路断路器失灵、重合闸均在断路器保护内实现。

本次跳闸的故障分析：220kV 甲一线 271 线路故障，由于 220kV 甲一线 271 断路器智能终端漏投出口硬压板，220kV 甲一线 271 线路保护动作后无法跳开 271 断路器，220kV 甲一线 271 断路器失灵保护动作后，先跳本断路器，仍然无法跳开 220kV 甲一线 271 断路器，最后由 220kV 甲一线 271 断路器失灵跳 220kV 母联 27M、1 号主变压器 110kV 侧 17A、1 号主变压器 10kV 侧 97A 断路器，切除故障点。10kV 备自投满足动作条件，备投成功。由于 220kV 甲一线 271 线路保护动作、断路器失灵保护动作事项完整，并结合故障录波等信息，可以判断站内无故障点，并找到原因是 220kV 甲一线 271 断路器两套智能终端出口硬压板漏投后，可以按调令恢复站内设备的送电。

案例 10　仿真三变电站主变压器第一套保护二次工作

1. 主接线运行方式

110kV 乙一线 191 断路器送 110kV Ⅰ 段母线，110kV 乙二线 193 断路器送 110kV Ⅱ、Ⅲ 段母线，内桥 Ⅰ 19M 断路器在分位，内桥 Ⅱ 19K 断路器在合位，1、3 号主变压器均在运行。1 号主变压器 10kV 侧 99A 断路器接 Ⅰ 段母线、99D 断路器接 Ⅱ 段母线，3 号主变压器 10kV 侧 99C 断路器接 Ⅳ 段母线运行、99F 断路器接 Ⅴ 段母线运行，10kV Ⅰ、Ⅵ 段母联 99W 断路器，10kV Ⅱ、Ⅴ 段母联 99M 断路器在热备用，所有电容器由 AVC 控制，1、3 号站用变压器运行。

2. 保护配置情况

主变压器配置两套 iPACS-5941D 电量保护、双合智一体装置；110kV 系统配置一套 iPACS-5731D 备自投装置；10kV 系统配置两套 iPACS-5763D 备自投装置。

3. 事故概况

（1）运行于分段备投，1 号主变压器 A 套整串（第一套保护、对应断路器第一套合智一体装置）二次工作，110kV 乙一线 191 线路故障，两级备投均拒动。且处理时，无法手动遥控合两级分段断路器。

（2）具体报文信息见表 2-10。

表 2-10   报 文 信 息

序号	时 间	报 文 信 息
1	09:08:05.102	1 号主变压器 iPACS5941D（Ⅰ套）装置检修投入
2	10:40:20.132	1 号主变压器 10kV 侧分支一 99A 合智一体（Ⅰ套）装置检修投入
3	10:40:31.561	10kV 公用信号 iPACS5763D Ⅰ～Ⅵ母备自投保护测控装置告警
4	10:40:56.812	1 号主变压器 10kV 侧分支二 99D 合智一体（Ⅰ套）装置检修投入
5	10:41:07.476	10kV 公用信号 iPACS5763D Ⅱ～Ⅴ母备自投保护测控装置告警
6	10:42:18.256	110kV 乙一线 191 合智一体（Ⅰ套）装置检修投入
7	10:42:28.783	110kV 公用信号 iPACS5731D 备自投装置告警
8	10:42:43.321	110kV 内桥 19M 合智一体（Ⅰ套）装置检修投入
9	14:38:51.186	1 号主变压器 iPACS5941D（Ⅱ套）高压侧电压异常
10	14:38:52.486	10kV 1 号电容器 919 iPACS5753 低电压动作
11	14:38:52.546	10kV 1 号电容器 919 断路器分位—合
12	14:38:52.546	10kV 1 号电容器 919 断路器合位—分
13	14:38:53.172	110kV Ⅰ段母线 A 相电压越下限
14	14:38:53.172	110kV Ⅰ段母线 B 相电压越下限
15	14:38:53.172	110kV Ⅰ段母线 C 相电压越下限

序号	时　间	报　文　信　息
16	14:38:53.172	10kV Ⅰ 段母线 A 相电压越下限
17	14:38:53.172	10kV Ⅰ 段母线 B 相电压越下限
18	14:38:53.172	10kV Ⅰ 段母线 C 相电压越下限
19	14:38:53.172	10kV 公用信号 Ⅰ 母计量电压消失
20	14:38:53.172	10kV 公用信号 Ⅱ 母计量电压消失
21	14:38:53.172	10kV Ⅱ 段母线 A 相电压越下限
22	14:38:53.172	10kV Ⅱ 段母线 B 相电压越下限
23	14:38:53.172	10kV Ⅱ 段母线 C 相电压越下限
24	14:38:53.183	400V 公用信号一段交流母线 A 相欠电压
25	14:38:53.183	400V 公用信号一段交流母线 B 相欠电压
26	14:38:53.183	400V 公用信号一段交流母线 C 相欠电压
27	14:38:53.183	直流系统充电机一路交流故障
28	14:38:56.683	400V 公用信号一段交流母线 A 相欠压—复归
29	14:38:56.683	400V 公用信号一段交流母线 B 相欠压—复归
30	14:38:56.683	400V 公用信号一段交流母线 C 相欠压—复归
31	14:38:56.683	直流系统充电机一路交流故障—复归

4. 报文分析判断

报文内容第 1 项，1 号主变压器 iPACS5941D（Ⅰ套）装置检修投入、1 号主变压器 10kV 侧分支一 99A 合智一体（Ⅰ套）装置检修投入、1 号主变压器 10kV 侧分支二 99D 合智一体（Ⅰ套）装置检修投入、110kV 乙一线 191 合智一体（Ⅰ套）装置检修投入、110kV 内桥 19M 合智一体（Ⅰ套）装置检修投入，之后出现 110、10kV 备自投装置告警信号。报文第 9 项显示 110、10kV 侧均无压，400V 电源切换装置切换成功后，站用电、直流系统供电正常。110kV 备自投和 10kV 备自投均未动作。

初步判断可能原因：由于工作需要，将 1 号主变压器第一套保护及对应的高压进线断路器、桥断路器、低压断路器合智一体装置投检修，对应备自投装置出现告警信号。当110kV乙一线191进线失电压后，由于第一套合智一体投检修状态，两级备投均无法动作，造成110kV I段母线、10kV I段母线、10kV II段母线均失电压。

5. 处理参考步骤

（1）阅读并分析报文、检查相关保护和设备。

（2）检查110kV I段母线、10kV I段母线、10kV II段母线均无压，110kV乙一线191线路无压。

（3）就地断开110kV乙一线191断路器（或者解除合智一体装置检修压板后，用遥控方式断开）。

（4）就地合上19M断路器（或者解除合智一体装置检修压板后，用遥控方式合上）。

（5）恢复1号主变压器及10kV I、II段母线上设备运行。

6. 案例要点分析

主变压器配置双套电量保护，对应断路器的智能终端设备也配置双套，但只有其中一套与备自投装置链路上有连接并进行信号的相互收发。与备自投有连接的那一套智能终端装置异常、链路异常，影响备自投装置的正确动作。

本次跳闸的故障分析：由于工作需要，将1号主变压器第一套保护及对应的高压进线断路器、桥断路器、低压断路器合智一体装置投检修，由于合智一体装置采样信息无效，对应备自投装置出现告警信号。当110kV乙一线191进线失压后，两级备投均无法动作，造成110kV I段母线、10kV I段母线、10kV II段母线均失电压。由于第一套合智一体装置投检修，事故处理过程，无法遥控分合断路器，事故处理过程应采用就地操作的方式或将对应智能终端恢复至可用状态并解除检修压板后采用遥控操作。

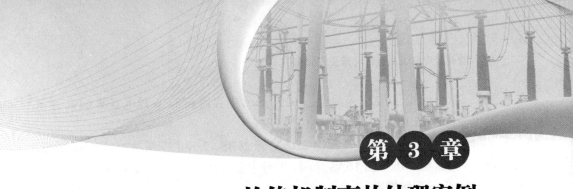

第3章
检修机制事故处理案例

随着智能电网的不断发展，继电保护装置和测控装置技术也在不断更新；新技术的应用，必然对传统变电站运行、检修的模式造成很大的影响。常规变电站中检修一次或二次设备时，为了不影响后台及调度正常的信息采集，在保护装置中专门设置了检修连接片。这样在保护传动调试过程中，装置就不会向后台发送任何因检修时发送的保护信号，这就不会影响本站后台或者各级调度正常的监视工作。

智能变电站的采样和保护装置开入/开出的相关信号通过 SV 报文和 GOOSE 报文传输来实现，其检修机制通过其特有的 MMS 报文检修处理机制、GOOSE 报文检修处理机制、SV 报文检修处理机制模式来实现。智能设备检修硬压板投入后，其发出的数据流将绑定 TEST 置 1 的检修品质位，设备判别采样或开入量"状态不一致"，屏蔽对应功能。本章案例的编写旨在强化运维人员对智能化变电站检修机制与常规变电站的区别，做好运行过程中的危险点分析和预控。

案例 1　仿真一变电站 110kV 线路合并单元检修硬压板误投

1. 主接线运行方式

220kV 系统：双母线接线。甲一线 261、1 号主变压器 220kV 侧 26A 接 Ⅰ 段母线运行；甲二线 264、2 号主变压器 220kV 侧 26B 接 Ⅱ 段母线运行；母联 26M 断路器运行。

110kV 系统：双母线接线。乙一线 161、1 号主变压器 110kV 侧 16A 接 Ⅰ 段母线运行；乙二线 164、2 号主变压器 110kV 侧 16B 接 Ⅱ 段母线运行；母联 16M 断路器运行。

10kV 系统：单母分段接线。Ⅰ 段母线接配线一 611、配线二 612、1 号电容器 619、2 号电容 618、3 号电容器 639、1 号站用变压器 610 运行；Ⅱ 段母线接配线三 621、配线四 622、4 号电容 629、5 号电容器 628、6 号电容器 649、2 号站用变压器 620 运行；母联 66M 热备用。

中性点系统：2 号主变压器 220kV 侧 26B8、2 号主变压器 110kV 侧 16B8、1 号主变压器 110kV 侧 16A8 合闸；1 号主变压器 220kV 侧 26A8 断开。

2. 保护配置情况

220kV 线路配置 PCS-902C、PSL-602U 两套线路保，两套合并单元和智能终端。220kV 母差保护配置两套 PCS-915 母差保护；主变压器配置两套 PST-1200 保护、双合并单元、双智能终端；110kV 母差保护配置一套 PCS-915 母差保护；110kV 线路配置一套 CSC-161 测控保护一体化装置、一套合并单元和智能终端。

3. 事故概况

（1）事故起因：161 合并单元检修硬压板误投，161 线路发生瞬时单相接地。

（2）具体报文信息见表 3-1。

表 3-1 　　　　　　　　 报 文 信 息

序号	时　间	报 文 信 息
1	10:01:30.100	110kV 乙一线 161-MU 检修投入
2	10:01:30.100	110kV 乙一线 161 装置告警
3	10:01:30.103	110kV PCS-915 母差保护 161 间隔采样数据无效
4	11:30:15.300	220kV 甲一线 261 线路 PCS-902C 保护起动
5	11:30:15.300	220kV 甲一线 261 线路 PSL-603U 保护起动
6	11:30:15.300	220kV 甲二线 264 线路 PCS-902C 保护起动
7	11:30:15.300	220kV 甲二线 264 线路 PSL-603U 保护起动
8	11:30:15.300	1 号主变压器 PST-1200 第一套后备保护起动
9	11:30:15.300	1 号主变压器 PST-1201 第二套后备保护起动
10	11:30:15.300	1 号主变压器 PST-1200 第二套后备保护起动
11	11:30:15.300	2 号主变压器 PST-1202 第二套后备保护起动
12	11:30:15.300	220kV PCS-915 第一套母差保护 I 母电压开放动作
13	11:30:15.300	220kV PCS-915 第一套母差保护 II 母电压开放动作
14	11:30:15.300	220kV PCS-915 第二套母差保护 I 母电压开放动作
15	11:30:15.300	220kV PCS-915 第二套母差保护 II 母电压开放动作

序号	时　间	报　文　信　息
16	11:30:15.300	110kV PCS-915 母差保护 I 母电压开放动作
17	11:30:15.300	110kV PCS-915 母差保护 II 母电压开放动作
18	11:30:16.800	1 号主变压器 PST-1200 第一套中压侧零序方向过电流 I 时限动作
19	11:30:16.800	1 号主变压器 PST-1200 第二套中压侧零序方向过电流 I 时限动作
20	11:30:16.800	2 号主变压器 PST-1200 第一套中压侧零序方向过电流 I 时限动作
21	11:30:16.800	2 号主变压器 PST-1200 第一套中压侧零序方向过电流 I 时限动作
22	11:30:16.850	110kV 母联 16M 断路器分位—合
23	11:30:16.850	110kV 母联 16M 断路器合位—分
24	11:30:17.300	1 号主变压器 PST-1200 第一套中压侧零序方向过电流 II 时限动作
25	11:30:17.300	1 号主变压器 PST-1200 第二套中压侧零序方向过电流 II 时限动作
26	11:30:17.335	1 号主变压器中压侧 16A 断路器分位—合
27	11:30:17.335	1 号主变压器中压侧 16A 断路器合位—合
28	11:30:17.610	110kV I 段母线电压越限告警
29	11:30:17.610	110kV I 段母线计量电压丢失
30	11:30:18.100	220kV 甲一线 261 线路 PCS-902C 保护起动—复归
31	11:30:18.100	220kV 甲一线 261 线路 PSL-603U 保护起动—复归
32	11:30:18.100	220kV 甲二线 264 线路 PCS-902C 保护起动—复归
33	11:30:18.100	220kV 甲二线 264 线路 PSL-603U 保护起动—复归
34	11:30:18.100	2 号主变压器 PST-1200 第一套后备保护起动—复归
35	11:30:18.100	2 号主变压器 PST-1201 第二套后备保护起动—复归
36	11:30:18.100	1 号主变压器 PST-1200 第二套后备保护起动—复归
37	11:30:18.100	1 号主变压器 PST-1202 第二套后备保护起动—复归
38	11:30:18.100	110kV PCS-915 母差保护 I 母电压闭锁开放—复归
39	11:30:18.100	110kV PCS-915 母差保护 II 母电压闭锁开放—复归
40	11:30:18.100	220kV PCS-915 第一套母差保护 I 母电压开放动作—复归
41	11:30:18.100	220kV PCS-915 第一套母差保护 II 母电压开放动作—复归
42	11:30:18.100	220kV PCS-915 第二套母差保护 I 母电压开放动作—复归
43	11:30:18.100	220kV PCS-915 第二套母差保护 II 母电压开放动作—复归

4. 报文分析判断

从报文 1~3 项内容 "110kV 乙一线 161-MU 检修投入""110kV 乙一线 161 装置告警""110kV PCS-915 母差保护 161 间隔采样数据无效"可得知。10:01:30 110kV 乙一线 161 间隔合并单元检修硬压板被投入,闭锁了乙一线 161 的线路保护和 110kV 母差保护。11:30:15 系统发生故障,各类保护起动。1.5s 后 1、2 号主变压器两套保护"中压侧零序方向过电流 I 时限动作",约 50ms 后 110kV 母联 16M 断路器跳闸。故障发生 2s 后 1 号主变压器两套保护"中压侧零序方向过电流 II 时限动作",约 35ms 后主变压器 110kV 侧 16A 断路器跳闸。故障点消失,各类保护复归。事故造成 110kV I 段母线失电压, I 段母线所接负荷丢失。

通过分析可判断可能原因:① 由于 110kV I 段母线故障,母差保护拒动;② 110kV I 段母线所接馈线故障,线路保护拒动,造成 1、2 号主变压器两套保护"中压侧零序方向过电流 I 时限动作跳 110kV 母联 16M 断路器,1 号主变压器两套保护"中压侧零序方向过电流 II 时限动作跳 16A 断路器。综合报文及设备故障现象的分析,乙一线 161 线路保护故障前已被闭锁,因此第 2 种乙一线 161 线路故障的可能性最大。

5. 处理参考步骤

(1)阅读并分析报文、检查相关保护和设备。

(2)发现 110kV 乙一线 161 合并单元检修压板误投。站内设备未发现异常情况。

(3)退出 110kV 乙一线 161 合并单元检修压板(或退出 110kV 母差保护 161 间隔投入软压板)。

(4)检查 110kV 母差保护运行正常,并复归信号。

(5)断开 110kV I、II 段失电压母线上的断路器。

(6)检查 110kV I 段母线所接其余线路侧是否有电压,发现某一线路有电压。

(7)合上有压线路断路器对 110kV I 母线进行冲击。

(8)冲击正常后复归各保护装置信号。

(9)断开有压线路断路器(不允许合环运行)。

(10)合上 1 号主变压器 110kV 侧 16A 断路器。

(11)依次合上 110kV 母联 16M 断路器及各馈线断路器(110kV 乙一线 161 断路器除外)。

（12）依据调度指令对 110kV 乙一线 161 线路试送电（合上乙一线 161 断路器前应检查 110kV 母差保护 161 间隔投入软压板确已投入）。

6. 案例要点分析

由于 110kV 乙一线 161 合并单元检修压板误投，而智能变电站新增了检修机制。智能设备检修硬压板投入后，其发出的数据流将绑定 TEST 置 1 的检修品质位，设备判别采样或开入量"状态不一致"，屏蔽对应功能。智能数字化保护装置将"状态不一致"的电流、电压、开入量排除在外，不参与保护的逻辑运算，且闭锁保护相关功能。涉及多个电流采样的保护，如变压器或母线差动保护，若有任意采样电流置检修位，将闭锁差动保护。因此 110kV 乙一线 161 的线路保护和 110kV 母差保护被闭锁。故障发生后 110kV Ⅱ 段母线仍正常运行，应先恢复 110kV 母差保护正常运行。因此需尽快解除 110kV 乙一线 161 合并单元检修压板或退出 110kV 母差保护 161 间隔投入（SV 接收）软压板。

案例 2　仿真-变电站 110kV 母差保护检修硬压板误投

1. 主接线运行方式

220kV 系统：双母线接线。甲一线 261、1 号主变压器 220kV 侧 26A 接 Ⅰ 段母线运行；甲二线 264、2 号主变压器 220kV 侧 26B 接 Ⅱ 段母线运行；母联 26M 断路器运行。

110kV 系统：双母线接线。乙一线 161、1 号主变压器 110kV 侧 16A 接 Ⅰ 段母线运行；乙二线 164、2 号主变压器 110kV 侧 16B 接 Ⅱ 段母线运行；母联 16M 断路器运行。

10kV 系统：单母分段接线。Ⅰ 段母线接配线一 611、配线二 612、1 号电容器 619、2 号电容器 618、3 号电容器 639、1 号站用变压器 610 运行；Ⅱ 段母线接配线三 621、配线四 622、4 号电容器 629、5 号电容器 628、6 号电容器 649、2 号站用变压器 620 运行；母联 66M 热备用。

中性点系统：2 号主变压器 220kV 侧 26B8、2 号主变压器 110kV 侧 16B8、1 号主变压器 110kV 侧 16A8 合闸；1 号主变压器 220kV 侧 26A8 断开。

2. 保护配置情况

220kV 线路配置 PCS-902C、PSL-602U 两套线路保护，两套合并单元和智能终端。220kV 母差保护配置两套 PCS-915 母差保护；主变压器配置两套 PST-1200 保护、双合并单元、双智能终端；110kV 母差保护配置一套 PCS-915 母差保护；110kV 线路配置一套 CSC-161 保护测控一体化装置、一套合并单元和智能终端。

3. 事故概况

（1）事故起因：110kV 母差保护检修硬压板误投，110kV Ⅰ 段母线 TV 气室故障。

（2）具体报文信息见表 3-2。

表 3-2   报 文 信 息

序号	时 间	报 文 信 息
1	10:01:30.100	110kV PCS-915 母差保护装置检修投入
2	10:01:30.103	110kV PCS-915 母差保护装置告警
3	11:30:15.300	220kV 甲一线 261 线路 PCS-902C 保护起动
4	11:30:15.300	220kV 甲一线 261 线路 PSL-603U 保护起动
5	11:30:15.300	220kV 甲二线 264 线路 PCS-902C 保护起动
6	11:30:15.300	220kV 甲二线 264 线路 PSL-603U 保护起动
7	11:30:15.300	1 号主变压器 PST-1200 第一套后备保护起动
8	11:30:15.300	1 号主变压器 PST-1201 第二套后备保护起动
9	11:30:15.300	1 号主变压器 PST-1200 第二套后备保护起动
10	11:30:15.300	2 号主变压器 PST-1202 第二套后备保护起动
11	11:30:15.300	220kV PCS-915 第一套母差保护 Ⅰ 母电压开放动作
12	11:30:15.300	220kV PCS-915 第一套母差保护 Ⅱ 母电压开放动作
13	11:30:15.300	220kV PCS-915 第二套母差保护 Ⅰ 母电压开放动作
14	11:30:15.300	220kV PCS-915 第二套母差保护 Ⅱ 母电压开放动作
15	11:30:16.800	1 号主变压器 PST-1200 第一套中压侧零序方向过电流 Ⅰ 时限动作
16	11:30:16.800	1 号主变压器 PST-1200 第二套中压侧零序方向过电流 Ⅰ 时限动作
17	11:30:16.800	2 号主变压器 PST-1200 第一套中压侧零序方向过电流 Ⅰ 时限动作
18	11:30:16.800	2 号主变压器 PST-1200 第一套中压侧零序方向过电流 Ⅰ 时限动作
19	11:30:16.850	110kV 母联 16M 断路器分位一合
20	11:30:16.850	110kV 母联 16M 断路器合位一分
21	11:30:17.300	1 号主变压器 PST-1200 第一套中压侧零序方向过电流 Ⅱ 时限动作
22	11:30:17.300	1 号主变压器 PST-1200 第二套中压侧零序方向过电流 Ⅱ 时限动作
23	11:30:17.335	1 号主变压器中压侧 16A 断路器分位一合

续表

序号	时　间	报 文 信 息
24	11:30:17.335	1 号主变压器中压侧 16A 断路器合位一分
25	11:30:17.610	110kV Ⅰ段母线电压越限告警
26	11:30:17.610	110kV Ⅰ段母线计量电压丢失
27	11:30:18.100	220kV 甲一线 261 线路 PCS–902C 保护起动一复归
28	11:30:18.100	220kV 甲一线 261 线路 PSL–603U 保护起动一复归
29	11:30:18.100	220kV 甲二线 264 线路 PCS–902C 保护起动一复归
30	11:30:18.100	220kV 甲二线 264 线路 PSL–603U 保护起动一复归
31	11:30:18.100	2 号主变压器 PST–1200 第一套后备保护起动一复归
32	11:30:18.100	2 号主变压器 PST–1201 第二套后备保护起动一复归
33	11:30:18.100	1 号主变压器 PST–1200 第二套后备保护起动一复归
34	11:30:18.100	1 号主变压器 PST–1202 第二套后备保护起动一复归
35	11:30:18.100	110kV PCS–915 母差保护Ⅱ母电压闭锁开放一复归
36	11:30:18.100	220kV PCS–915 第一套母差保护Ⅰ母电压开放动作一复归
37	11:30:18.100	220kV PCS–915 第一套母差保护Ⅱ母电压开放动作一复归
38	11:30:18.100	220kV PCS–915 第二套母差保护Ⅰ母电压开放动作一复归
39	11:30:18.100	220kV PCS–915 第二套母差保护Ⅱ母电压开放动作一复归

4. 报文分析判断

从报文 1、2 项内容"110kV PCS–915 母差保护装置检修投入""110kV PCS–915 母差保护装置告警"可得知，10:01:30 110kV 母差保护装置被置入"检修"状态，110kV 母差保护被闭锁。11:30:15 系统发生故障，各类保护起动。1.5s 后 1 号、2 号主变压器两套保护"中压侧零序方向过电流Ⅰ时限动作"，约 50ms 后 110kV 母联 16M 断路器跳闸。故障发生 2s 后 1 号主变压器两套保护"中压侧零序方向过电流Ⅱ时限动作"，约 35ms 后 1 号主变压器 110kV 侧 16A 断路器跳闸。故障点消失，各类保护复归。事故造成 110kV Ⅰ段母线失电压，Ⅰ段母线所接负荷丢失。

判断事故的可能原因：① 110kV Ⅰ段母线故障，母差保护拒动；② 110kV Ⅰ段母线所接馈线故障，线路保护拒动，造成 1、2 号主变压器两套保护"中压侧零序方向过电流Ⅰ时限同时动作跳 110kV 母联 16M 断路器，1 号主变压器两套保护"中压侧零序方向过电流Ⅱ时限动作跳1号主变压器110kV侧16A断路器。综合报文及设备故障现象的分析，110kV母差保护装置故障前已被闭锁，因此110kV Ⅰ段母线故障的可能性最大。

5. 处理参考步骤

（1）阅读并分析报文、检查相关保护和设备。

（2）发现110kV母差保护装置检修压板误投。

（3）退出110kV母差保护装置检修压板。

（4）检查110kV母差保护运行正常，并复归信号。

（5）断开110kV Ⅰ段失电压母线上的断路器。

（6）检查110kV Ⅰ段母线上的设备，发现110kV Ⅰ段母线TV气室故障。

（7）断开110kV Ⅰ段母线TV 16M4刀闸，隔离故障点。

（8）检查110kV Ⅰ段母线所接其余线路侧是否有电压，若有电压应优先采用外来电源冲击母线，本案例无电源馈线。

（9）合上110kV母联16M断路器对110kV Ⅰ母线进行冲击。

（10）冲击正常后复归各保护装置信号。

（11）将110kV母线电压合并单元装置一、二上的电压切换QK断路器由"自动"切至"Ⅰ母强制取Ⅱ母"位置。

（12）1号主变压器110kV侧断路器16A转合环运行。

（13）恢复110kV Ⅰ段母线上其余馈线的正常运行。

6. 案例要点分析

由于110kV母差保护装置检修压板误投，智能变电站新增了检修机制。智能设备检修硬压板投入后，其发出的数据流将绑定TEST置1的检修品质位，设备判别采样或开入量"状态不一致"，屏蔽对应功能。因此母差保护就被闭锁。

对于GIS设备发生故障后，其故障点的查找也不同于AIS设备，无法通过查找放电点和放电痕迹定位故障设备。运维人员可采用测量GIS设备外壳的温升情况定位故障气室。由于故障气室外壳流过短路电流，其温度必然上升。温升的高低取决于故障电流和气室的大小。因此对于GIS设备发生故障后运维人员应尽快对GIS设备外壳进行测温以定位故障气室。若无法通过测温定位故障气室，则应采用检测气室的SO_2分解产物定位故障气室。依据状态检修试验规程：当SO_2达2μL/L时，应引起注意；当SO_2达5μL/L时，应停电查明原因。但采用该方法将延误事故处理的时间。

由于智能变电站各IED间已采用数字量传输，各套母线电压合并单元同时采集两段母线 TV 的二次电压，通过级联方式送给各间隔合并单元，已经不存在常规站的二次反充电问题。常规变电站中的"TV 二次电压并列"的电气硬回路，其实在智能变电站中已不复存在，但为了更好地理解而沿用常规站中的叫法。在智能变电站中其已变为读取的方式，为了保证在一次系统并列的前提下二次电压方可相互读取，在读取逻辑中增加母联断路器及两侧刀闸在合位的判别条件。为恢复 110kV Ⅰ段母线二次电压需将 110kV 母线电压合并单元装置一、二上的电压切换把手由"自动"切至"Ⅰ母强制取Ⅱ母"位置。

同时强调现场应注意对母线电压合并单元名称标示的规范性，其正确的命名应为"××kV 母线电压合并单元一"，而不得成为"××kV Ⅰ母电压合并单元"，在实际的投产准备工作中应切记。

案例 3　仿真三变电站 110kV 线路合智一体检修硬压板误投

1. 主接线运行方式

110kV 系统：扩大桥式接线。乙一线 191 断路器送Ⅰ、Ⅱ、Ⅲ段母线，乙二线 193 断路器热备用，Ⅰ、Ⅱ段母联 19M 断路器及Ⅱ、Ⅲ段母联 19K 断路器运行，1、3 号主变压器均在运行，备用线 192 暂未投运。

10kV 系统：单母四分段接线。1 号主变压器 10kV 侧 99A 断路器接Ⅰ段母线、99D 断路器接Ⅱ段母线，3 号主变压器 10kV 侧 99C 断路器接Ⅳ段母线运行、99F 断路器接Ⅴ段母线运行，10kV Ⅰ、Ⅵ段母联 99W 断路器，10kV Ⅱ、Ⅴ段母联 99M 断路器在热备用，所有电容器由 AVC 控制，1、2 号站用变压器转运行。

中性点系统：3 号主变压器 110kV 侧 19C8、1 号主变压器 110kV 侧 19A8 断开。

2. 保护配置情况

110kV 线路不配置保护，线路保护配置在对侧变电站。各主变压器均配置两套 IPACS-5941D 电量保护、双合并单元、双智能终端，采用合智一体装置。主变压器还配置一套非电量保护和智能终端，采用常规模拟量方式。主变压器本体合并单元配置两套，负责采集主变压器高压侧套管 TA、中性点套管 TA、间隙 TA 电流。110kV 配置一套适应扩大内桥接线的备自投。10kV Ⅰ、Ⅳ段母线和Ⅱ、Ⅲ段母线各设置一套备自投。站内不配置组网 GOOSE 交换机，跨间隔信息传输采用光纤直联。配置单套保护和自动化装置的设备只接入 A 网；双套配置的 IED 设备第一套接入 A 网，第二套接入 B 网。

3. 事故概况

（1）事故起因：110kV 乙一线 191 线路 A 套合智一体检修硬压板误投，191 线路发生故障。

（2）具体报文信息见表 3-3。

表 3-3　　　　　　　　　　　报 文 信 息

序号	时　　间	报 文 信 息
1	13:01:25.100	110kV 乙一线 191 合智一体（Ⅰ套）装置检修投入
2	13:01:25.103	1 号主变压器 iPACS-5941D（Ⅰ套）保护异常告警
3	13:01:25.103	110kV 备自投装置异常告警
4	15:30:15.300	1 号电容器欠电压保护动作
5	15:30:15.300	2 号电容器欠电压保护动作
6	15:30:15.300	5 号电容器欠电压保护动作
7	15:30:15.300	6 号电容器欠电压保护动作
8	15:30:15.380	1 号电容器 919 断路器分位—合
9	11:30:15.380	1 号电容器 919 断路器合位—分
10	11:30:15.380	2 号电容器 929 断路器分位—合
11	11:30:15.380	2 号电容器 929 断路器合位—分
12	11:30:15.380	5 号电容器 959 断路器分位—合
13	11:30:15.380	5 号电容器 959 断路器合位—分
14	11:30:15.380	6 号电容器 969 断路器分位—合
15	11:30:15.380	6 号电容器 969 断路器合位—分
16	11:30:16.100	110kV 乙一线 191 线路无电压
17	11:30:16.150	110kV Ⅰ 母计量电压消失
18	11:30:16.150	110kV Ⅱ 母计量电压消失
19	11:30:16.150	110kV Ⅲ 母计量电压消失
20	11:30:16.150	110kV Ⅰ 母测量电压消失
21	11:30:16150	110kV Ⅱ 母测量电压消失
22	11:30:16.150	110kV Ⅲ 母测量电压消失
23	11:30:17.300	10kV 公用信号 Ⅰ 母计量电压消失
24	11:30:17.300	10kV 公用信号 Ⅱ 母计量电压消失

续表

序号	时　间	报 文 信 息
25	11:30:17.335	10kV 公用信号 V 母计量电压消失
26	11:30:17.335	10kV 公用信号 VI 母计量电压消失
27	11:30:17.610	10kV 公用信号 I 母测量电压消失
28	11:30:17.610	10kV 公用信号 II 母测量电压消失
29	11:30:17.610	10kV 公用信号 VI 母测量电压消失
30	11:30:17.610	10kV 公用信号 V 母测量电压消失
31	11:30:18.100	400V 1 号交流进线屏 I 段母线电压异常
32	11:30:18.100	400V 1 号交流进线屏 I 段交流系统故障
33	11:30:18.100	400V 2 号交流进线屏 II 段母线电压异常
34	11:30:18.100	400V 2 号交流进线屏 II 段交流系统故障
35	11:30:18.100	400V 2 号交流进线屏 1 号站用变压器电压异常
36	11:30:18.100	400V 2 号交流进线屏 2 号站用变压器电压异常
37	11:30:18.100	400V 1 号交流进线屏 1 号站用变压器电压异常
38	11:30:18.100	400V 1 号交流进线屏 2 号站用变压器电压异常

4. 报文分析判断

从报文 1～3 项内容 "110kV 乙一线 191 合智一体（I 套）装置检修投入" "1 号主变压器 iPACS-5941D（I 套）装置异常告警"、"110kV 备自投装置异常告警"。可得知 13:01:25 乙一线 191 合智一体（I 套）装置被置入"检修"状态，1 号主变压器保护和 110kV 备自投装置被闭锁。15:30:15 站内所有电容器欠电压保护动作，919、929、959、969 断路器跳闸。同时报文还显示 110kV 乙一线 191 线路电压、110kV 母线电压、10kV 母线电压、站用电系统 400V 母线电压消失。可判断出全站失电压，失电压后电容器欠电压保护动作跳开断路器。由于报文未显示 1 号主变压器第 II 套保护有动作，1 号主变压器各侧断路器也无跳闸。且报文显示 110kV 乙一线 191 线路电压消失。综合分析可判断 191 线路发生故障，对侧线路保护动作跳开对侧断路器。站内 110kV 备自投被闭锁，故造成全站失电压。另一种可能站内 110kV 设备、主变压器发生故障保护拒动，对侧线路后备保护动作跳开对侧断路器，站内 110kV 备自投被闭锁，故造成全站失电压。综合报文及设备故障现象的分析，认为前者可能性更大。

5. 处理参考步骤

（1）阅读并分析报文、检查相关保护和设备。

（2）检查发现 110kV 乙一线 191 线路 A 套合智一体检修硬压板误投，站内设备未发现异常情况。

（3）解除 110kV 乙一线 191 线路 A 套合智一体检修硬压板。

（4）断开 110kV 乙一线 191 断路器。

（5）合上 1 号主变压器 110kV 侧中性点 19A8 隔离开关。

（6）合上 2 号主变压器 110kV 侧中性点 19B8 隔离开关。

（7）合上断开 110kV 乙二线 193 断路器。

（8）断开 1 号主变压器 110kV 侧中性点 19A8 隔离开关。

（9）断开 2 号主变压器 110kV 侧中性点 19B8 隔离开关。

（10）根据实际电压情况或由 AVC 系统投入电容器组。

6. 案例要点分析

变电站采用配置单套保护和自动化装置的设备一般仅接入 A 网，双套配置的 IED 设备第一套接入 A 网，第二套接入 B 网方式。由于 110kV 乙一线 191 间隔测控装置配置单套，其遥控分合闸及位置采集等开入/开出与第一套合智一体关系，而第二套的合智一体仅关联遥控复归的功能。案例事故处理时，若不解除 110kV 乙一线 191 线路第一套智能终端的检修硬压板，将无法进行后台和测控屏上遥控 110kV 乙一线 191 断路器的操作。

同样 110kV 备自投装置只配置一套，它也只与 110kV 乙一线 191 第一套合智一体有链路关系，当 110kV 乙一线 191 线路第一套合智一体检修硬压板误投时，由于智能变电站新增了检修机制，其发出的数据流将绑定 TEST 置 1 的检修品质位，110kV 备自投装置判别从第一套合智一体装置的 SV 采样及位置开入量判为"检修状态不一致"，对接收的数据不做处理。因此 110kV 备自投装置告警闭锁，同时与之有链路关系的 1 号主变压器 IPACS–5941D（Ⅰ套）保护由于采集的 110kV 乙一线 191 断路器的电流采样数据被置检修而被闭锁。

案例 4　仿真三变电站主变压器本体智能终端检修硬压板误投

1. 主接线运行方式

110kV 系统：扩大桥式接线。乙一线 191 断路器送Ⅰ段母线，乙二线 193 断路器送Ⅱ、Ⅲ段母线，Ⅰ、Ⅱ段母联 19M 断路器热备用，Ⅱ、Ⅲ段母联 19K 断路器运行，1、3 号主变压器均在运行，备用线 192 暂未投运。

10kV 系统：单母四分段接线。1 号主变压器 10kV 侧 99A 断路器接 Ⅰ 段母线、99D 断路器接 Ⅱ 段母线，3 号主变压器 10kV 侧 99C 断路器接 Ⅳ 段母线运行、99F 断路器接 Ⅴ 段母线运行，10kV Ⅰ、Ⅵ 段母联 99W 断路器，10kV Ⅱ、Ⅴ 段母联 99M 断路器在热备用，所有电容器由 AVC 控制，1、2 号站用变压器转运行。

中性点系统：3 号主变压器 110kV 侧 19C8、1 号主变压器 110kV 侧 19A8 断开。

2. 保护配置情况

110kV 线路不配置保护，线路保护配置在对侧变电站。主变压器配置两套 iPACS-5941D 电量保护、双合并单元、双智能终端，采用合智一体的方式。主变压器还配置一套非电量保护和智能终端，保护采用常规模拟量方式。主变压器本体合并单元配置两套，负责采集主变压器高压侧套管 TA、中性点套管 TA、间隙 TA 电流。110kV 配置一套适应扩大内桥接线的备自投。10kV Ⅰ、Ⅳ 段母线和 Ⅱ、Ⅲ 段母线各设置一套备自投。站内不配置组网 GOOES 交换机，跨间隔信息传输采用光纤直联。配置单套保护和自动化装置的设备只接入 A 网；双套配置的 IED 设备第一套接入 A 网，第二套接入 B 网。

3. 事故概况

（1）事故起因：1 号主变压器本体智能终端检修硬压板误投，1 号主变压器本体内部发生故障。

（2）具体报文信息见表 3-4。

表 3-4　　　　　　　　　报　文　信　息

序号	时　间	报　文　信　息
1	10:00:25.100	1 号主变压器本体智能终端装置检修投入
2	10:00:25.103	1 号主变压器本体智能终端装置异常
3	15:30:15.250	1 号主变压器本体瓦斯保护动作（检修窗）
4	15:30:15.300	乙一线 191 断路器分位—合
5	15:30:15.300	乙一线 191 断路器合位—分
6	15:30:15.310	1 号主变压器低压侧分支一 99A 断路器分位—合
7	15:30:15.310	1 号主变压器低压侧分支一 99A 断路器合位—分
8	15:30:15.310	1 号主变压器低压侧分支二 99D 断路器分位—合
9	11:30:15.310	1 号主变压器低压侧分支二 99D 断路器合位—分
10	11:30:15.830	1 号电容器欠电压保护动作

续表

序号	时 间	报 文 信 息
11	11:30:15.830	2 号电容器欠电压保护动作
12	11:30:15.910	1 号电容器 919 断路器分位—合
13	11:30:15.910	1 号电容器 919 断路器合位—分
14	11:30:15.910	2 号电容器 929 断路器分位—合
15	11:30:15.910	6 号电容器 929 断路器合位—分
16	11:30:16.150	110kV Ⅰ 母计量电压消失
17	11:30:16.150	110kV Ⅰ 母测量电压消失
18	11:30:16.150	10kV 公用信号 Ⅰ 母计量电压消失
19	11:30:16.150	10kV 公用信号 Ⅱ 母计量电压消失
20	11:30:16.150	10kV 公用信号 Ⅰ 母测量电压消失
21	11:30:16.150	10kV 公用信号 Ⅱ 母测量电压消失
22	11:30:17.300	400V 1 号交流进线屏 Ⅰ 段母线电压异常
23	11:30:17.300	400V 2 号交流进线屏 1 号站用变压器电压异常
24	11:30:17.300	400V 1 号交流进线屏 1 号站用变压器电压异常
25	11:30:17.750	110kV 备自投装置动作
26	11:30:17.810	内桥 Ⅰ 19M 断路器合位—合
27	11:30:17.810	内桥 Ⅰ 19M 断路器分位—分
28	11:30:17.820	1 号主变压器本体瓦斯保护动作（检修窗）
29	11:30:17.870	内桥 Ⅰ 19M 断路器分位—合
30	11:30:17.870	内桥 Ⅰ 19M 断路器合位—分
31	11:30:18.825	10kV Ⅰ、Ⅵ母备自投动作
32	11:30:18.825	10kV Ⅱ、Ⅴ母备自投动作
33	11:30:18.885	Ⅰ、Ⅵ母联 99W 断路器合位—合
34	11:30:18.885	Ⅱ、Ⅴ母联 99W 断路器分位—分
35	11:30:18.885	Ⅱ、Ⅴ母联 99M 断路器合位—合
36	11:30:18.885	Ⅰ、Ⅵ母联 99M 断路器分位—分
37	11:30:19.100	10kV 公用信号 Ⅰ 母计量电压消失—复归
38	11:30:19.100	10kV 公用信号 Ⅵ 母计量电压消失—复归

序号	时　间	报 文 信 息
39	11:30:19.100	10kV 公用信号 I 母测量电压消失—复归
40	11:30:19.100	10kV 公用信号 VI 母测量电压消失—复归
41	11:30:19.100	400V1 号交流进线屏 I 段母线电压异常—复归
42	11:30:19.100	400V2 号交流进线屏 1 号站用变压器电压异常—复归

4. 报文分析判断

从报文 1～2 项内容"1 号主变压器本体智能终端装置检修投入""1 号主变压器本体智能终端装置异常"、可得知 10:00:25.100 1 号主变压器本体智能终端装置检修压板被投入 15:30:15.250 1 号主变压器本体瓦斯保护动作,跳开 110kV 乙一线 191 断路器、1 号主变压器 10kV 侧分支一 99A 断路器、分支二 99D 断路器。造成 110kV I 段母线、10kV I 段母线、10kV II 段母线失电压。1 号电容器 919 断路器、2 号电容器 929 断路器跳闸。1 号主变压器故障后 2.5s 后 110kV 备自投动作,合上 110kV I、II 段母联 19M 断路器。随即 1 号主变压器本体瓦斯保护再次动作,跳开 110kV I、II 段母联 19M 断路器。3s 后 10kV I、VI 备自投动作,合上 10kV I、VI 母联 99W 断路器;10kV II、V 母备自投动作合上 10kV II、V 母联 99M 断路器。

根据报文内容综合分析判断可得知:1 号主变压器本体内部发生故障,1 号主变压器本体瓦斯保护动作跳开主变压器各侧断路器后应闭锁 110kV 桥断路器备自投,但由于 1 号主变压器本体智能终端检修硬压板误投,无法闭锁 110kV 桥断路器备自投,造成主变压器再次收到短路电流冲击跳闸。

5. 处理参考步骤

(1) 阅读并分析报文、检查相关保护和设备。

(2) 检查 3 号主变压器负荷情况,未发现过负荷。

(3) 检查 1 号主变压器,发现 1 号主变压器瓦斯继电器内有气体,1 号主变压器本体智能终端检修硬压板误投。

(4) 将 1 号主变压器转冷备用。

(5) 解除 1 号主变压器本体智能终端检修硬压板。

(6) 合上 110kV 乙一线 191 断路器。

(7) 根据实际电压情况或由 AVC 系统投入电容器组。

(8) 将 1 号主变压器转检修。

6. 案例要点分析

智能变电站中的智能设备检修压板投入后，其发送的报文在检修窗口中体现，运维人员在查阅报文时应对检修窗报文进行查看，便于及时发现问题。

智能变电站中主变非电量保护与常规变电站相同，均采用模拟量开入、模拟量开出模式。主变压器本体智能终端主要功能是采集传输主变压器中性点刀闸位置、分接断路器位置、变压器绕组温度、变压器油温、主变压器非电量保护动作情况。因此当 1 号主变压器本体智能终端检修硬压板误投时，不影响主变压器非电量保护动作跳闸。但是主变压器非电量保护动的信号需经本体智能终端采集并传输至 110kV 备自投装置，用于闭锁桥断路器备自投。智能变电站新增了检修机制。智能设备检修硬压板投入后，其发出的数据流将绑定 TEST 置 1 的检修品质位，设备判别采样或开入量"状态不一致"，屏蔽对应功能。这造成了 110kV 桥断路器备自投误动。

案例 5　仿真四变电站"中断路器"两套合并单元检修硬压板误投

1. 主接线运行方式

500kV 系统：3/2 接线。丙二线与 2 号联络变压器成串运行；丙一线、丙三线、3 号联络变压器不成串运行；丙四线边断路器 5021、中断路器 5022 在检修。

220kV 系统：采用双母线双分段接线，四段母线环状运行。甲一线 211、甲三线 213 断路器接Ⅰ段母线运行；甲二线 212、甲四线 214、2 号联络变压器 220kV 侧 21B 断路器接Ⅱ段母线运行；甲五线 221、甲七线 223、3 号联络变压器 220kV 侧 22C 断路器接Ⅲ段母线运行；甲六线 222、甲八线 224 断路器接Ⅳ段母线运行。

66kV 系统：配置两段母线不设分段断路器。Ⅱ段母线接 2 号联络变压器 66kV 侧 61B、1 号所用变 621 断路器运行、4 号电抗器组 624、7 号电容器组 627、8 号电容器组 628 断路器在热备用。Ⅲ段母线接 2 号联络变压器 66kV 侧 61C、1 号所用变 631 断路器运行、6 号电抗器组 634、1 号 1 电容器组 637、1 号 2 电容器组 638 断路器在热备用。0 号所用变压器由外来电源供电。

2. 保护配置情况

500kV 线路配置 PCS–931D、CSC–103B 两套电流差动保护；500kV 每台断路器均配置两套 CSC–121 断路器保护；500kV 每段母线各配置两套 CSC–150 母差保护、联络变压器配置两套 CSC–326/E 变压器电量保护和一套 JFZ–600R

非电量保护（含智能终端）。220kV Ⅰ、Ⅱ段母线和Ⅲ、Ⅳ段母线各配置两套 CSC-150 母差保护，220kV 线路采用测保一体装置。甲五线 221、甲七线 223、甲六线 222、甲八线 224、甲三线 213、甲四线 214 配置 CSC-103 线路保护和 PCS-902 线路保护；甲一线 211、甲二线 212 配置 PCS-931 线路保护和 NSR-303 线路保护。500、220kV 每个间隔均配置两套合并单元、两套智能终端，保护采用直采直跳、跨间隔的跳合闸和联闭锁采用组网通信方式。

3. 事故概况

（1）事故起因：5022 进行合并单元和智能终端的消缺和系统升级工作，已将 5021 和 5022 断路器转检修、丙四线线路转检修。投入 5022 中断路器两套合并单元检修硬压板。此时丙一线线路发生故障。

（2）具体报文信息见表 3-5。

表 3-5　　　　　　　　　　报　文　信　息

序号	时　　间	报　文　信　息
1	10:01:30.100	500kV5022 断路器第一组 MU 检修投入
2	10:01:30.115	500kV 丙一线 CSC103B 线路保护告警动作
3	10:01:30.115	500kV 5022 第一套断路器 CSC-121 保护告警动作
4	10:03:15.100	500kV 5022 断路器第二组 MU 检修投入
5	10:03:15.115	500kV 丙一线 PCS931D 线路保护告警动作
6	10:03:15.115	500kV 5022 第二套断路器 CSC-121 保护告警动作
7	11:30:15.300	500kV 丙二线 CSC103B 线路保护起动
8	11:30:15.300	500kV 丙二线 PCS931D 线路保护起动
9	11:30:15.300	500kV 丙三线 CSC103B 线路保护起动
10	11:30:15.300	500kV 丙三线 PCS931D 线路保护起动
11	11:30:15.300	2 号联络变压器第一套 CSC326/E 变压器保护起动
12	11:30:15.300	2 号联络变压器第二套 CSC326/E 变压器保护起动
13	11:30:15.300	3 号联络变压器第一套 CSC326/E 变压器保护起动
14	11:30:15.300	3 号联络变压器第二套 CSC326/E 变压器保护起动
15	11:30:15.300	220kV 甲五线 221CSC-103 线路保护起动
16	11:30:15.300	220kV 甲五线 221PCS-902 线路保护起动
17	11:30:15.300	220kV 甲六线 222CSC-103 线路保护起动
18	11:30:15.300	220kV 甲六线 222PCS-902 线路保护起动

续表

序号	时间	报 文 信 息
19	11:30:15.300	220kV 甲七线 223CSC-103 线路保护起动
20	11:30:15.300	220kV 甲七线 223PCS-902 线路保护起动
21	11:30:15.300	220kV 甲八线 224CSC-103 线路保护起动
22	11:30:15.300	220kV 甲八线 2243PCS-902 线路保护起动
23	11:30:15.300	220kV 甲三线 213CSC-103 线路保护起动
24	11:30:15.300	220kV 甲三线 213PCS-902 线路保护起动
25	11:30:15.300	220kV 甲四线 214CSC-103 线路保护起动
26	11:30:15.300	220kV 甲四线 214PCS-902 线路保护起动
27	11:30:15.300	220kV 甲一线 211PCS-931 线路保护起动
28	11:30:15.300	220kV 甲一线 211NSR-303 线路保护起动
29	11:30:15.300	220kV 甲二线 212PCS-931 线路保护起动
30	11:30:15.300	220kV 甲二线 212NSR-303 线路保护起动
31	11:30:15.300	220kV Ⅰ～Ⅱ母线第一套 CSC-150 母差保护 Ⅰ母电压开放动作
32	11:30:15.300	220kV Ⅰ～Ⅱ母线第二套 CSC-150 母差保护 Ⅰ母电压开放动作
33	11:30:15.300	220kV Ⅰ～Ⅱ母线第一套 CSC-150 母差保护 Ⅱ母电压开放动作
34	11:30:15.300	220kV Ⅰ～Ⅱ母线第二套 CSC-150 母差保护 Ⅱ母电压开放动作
35	11:30:15.300	220kV Ⅲ～Ⅳ母线第一套 CSC-150 母差保护 Ⅰ母电压开放动作
36	11:30:15.300	220kV Ⅲ～Ⅳ母线第二套 CSC-150 母差保护 Ⅰ母电压开放动作
37	11:30:15.300	220kV Ⅲ～Ⅳ母线第一套 CSC-150 母差保护 Ⅱ母电压开放动作
38	11:30:15.300	220kV Ⅲ～Ⅳ母线第二套 CSC-150 母差保护 Ⅱ母电压开放动作
39	11:30:19.315	2 号联络变压器第一套 CSC326/E 变压器过电流保护动作
40	11:30:19.315	2 号联络变压器第二套 CSC326/E 变压器过电流保护动作
41	11:30:19.318	3 号联络变压器第二套 CSC326/E 变压器过电流保护动作
42	11:30:19.318	3 号联络变压器第二套 CSC326/E 变压器过电流保护动作
43	11:30:19.345	2 号联络变压器 500kV 5031 断路器 A 相合位—分
44	11:30:19.345	2 号联络变压器 500kV 5031 断路器 A 相分位—合
45	11:30:19.345	2 号联络变压器 500kV 5031 断路器 B 相合位—分
46	11:30:19.345	2 号联络变压器 500kV 5031 断路器 B 相分位—合
47	11:30:19.345	2 号联络变压器 500kV 5031 断路器 C 相合位—分

续表

序号	时　间	报　文　信　息
48	11:30:19.345	2 号联络变压器 500kV 5031 断路器 C 相分位—合
49	11:30:19.345	2 号联络变压器 500kV 5032 断路器 A 相合位—分
50	11:30:19.345	2 号联络变压器 500kV 5032 断路器 A 相分位—合
51	11:30:19.345	2 号联络变压器 500kV 5032 断路器 B 相合位—分
52	11:30:19.345	2 号联络变压器 500kV 5031 断路器 B 相分位—合
53	11:30:19.345	2 号联络变压器 500kV 5032 断路器 C 相合位—分
54	11:30:19.345	2 号联络变压器 500kV 5032 断路器 C 相分位—合
55	11:30:19.345	2 号联络变压器 220kV 21B 断路器 A 相合位—分
56	11:30:19.345	2 号联络变压器 220kV 21B 断路器 A 相分位—合
57	11:30:19.345	2 号联络变压器 500kV 21B 断路器 B 相合位—分
58	11:30:19.345	2 号联络变压器 500kV 21B 断路器 B 相分位—合
59	11:30:19.345	2 号联络变压器 500kV 21B 断路器 C 相合位—分
60	11:30:19.345	2 号联络变压器 500kV 21B 断路器 C 相分位—合
61	11:30:19.345	2 号联络变压器 66kV 61B 断路器分位—合
62	11:30:19.345	2 号联络变压器 66kV 61B 断路器合位—分
63	11:30:19.348	3 号联络变压器 500kV 5041 断路器 A 相合位—分
64	11:30:19.348	3 号联络变压器 500kV 5041 断路器 A 相分位—合
65	11:30:19.348	3 号联络变压器 500kV 5041 断路器 B 相合位—分
66	11:30:19.348	3 号联络变压器 500kV 5041 断路器 B 相分位—合
67	11:30:19.348	3 号联络变压器 500kV 5041 断路器 C 相合位—分
68	11:30:19.348	3 号联络变压器 500kV 5041 断路器 C 相分位—合
69	11:30:19.348	3 号联络变压器 500kV 5042 断路器 A 相合位—分
70	11:30:19.348	3 号联络变压器 500kV 5042 断路器 A 相分位—合
71	11:30:19.348	3 号联络变压器 500kV 5042 断路器 B 相合位—分
72	11:30:19.348	3 号联络变压器 500kV 5042 断路器 B 相分位—合
73	11:30:19.348	3 号联络变压器 500kV 5042 断路器 C 相合位—分
74	11:30:19.348	3 号联络变压器 500kV 5042 断路器 C 相分位—合
75	11:30:19.348	3 号联络变压器 220kV 22C 断路器 A 相合位—分
76	11:30:19.348	3 号联络变压器 220kV 22C 断路器 A 相分位—合
77	11:30:19.348	3 号联络变压器 500kV 22C 断路器 B 相合位—分

续表

序号	时　间	报　文　信　息
78	11:30:19.348	3 号联络变压器 500kV 22C 断路器 B 相分位一合
79	11:30:19.348	3 号联络变压器 500kV 22C 断路器 C 相合位一分
80	11:30:19.348	3 号联络变压器 500kV 22C 断路器 C 相分位一合
81	11:30:19.348	3 号联络变压器 66kV 61B 断路器分位一合
82	11:30:19.348	3 号联络变压器 66kV 61B 断路器合位一分
83	11:30:20.100	500kV Ⅰ 母计量电压消失
84	11:30:20.100	500kV Ⅰ 母测量电压消失
85	11:30:20.100	500kV Ⅱ 母计量电压消失
86	11:30:20.100	500kV Ⅱ 母测量电压消失
87	11:30:20.100	66kV Ⅰ 母计量电压消失
88	11:30:20.100	66kV Ⅰ 母测量电压消失
89	11:30:20.100	66kV Ⅱ 母计量电压消失
90	11:30:20.100	66kV Ⅱ 母测量电压消失
91	11:30:20.500	400V 站用电 ATS 切换动作
92	11:30:21.530	220kV Ⅰ～Ⅱ 母线第一套 CSC−150 母差保护 Ⅰ 母电压开放动作一复归
93	11:30:21.530	220kV Ⅰ～Ⅱ 母线第二套 CSC−150 母差保护 Ⅰ 母电压开放动作一复归
94	11:30:21.530	220kV Ⅰ～Ⅱ 母线第一套 CSC−150 母差保护 Ⅱ 母电压开放动作一复归
95	11:30:21.530	220kV Ⅰ～Ⅱ 母线第二套 CSC−150 母差保护 Ⅱ 母电压开放动作一复归
96	11:30:21.530	220kV Ⅲ～Ⅳ 母线第一套 CSC−150 母差保护 Ⅰ 母电压开放动作一复归
97	11:30:21.530	220kV Ⅲ～Ⅳ 母线第二套 CSC−150 母差保护 Ⅰ 母电压开放动作一复归
98	11:30:21.530	220kV Ⅲ～Ⅳ 母线第一套 CSC−150 母差保护 Ⅱ 母电压开放动作一复归
99	11:30:21.530	220kV Ⅲ～Ⅳ 母线第二套 CSC−150 母差保护 Ⅱ 母电压开放动作一复归
100	11:30:21.530	500kV 丙二线 CSC-103B 线路保护起动一复归
101	11:30:21.530	500kV 丙二线 PCS-931D 线路保护起动一复归
102	11:30:21.530	500kV 丙三线 CSC-103B 线路保护起动一复归
103	11:30:21.530	500kV 丙三线 PCS-931D 线路保护起动一复归
104	11:30:21.530	2 号联络变压器第一套 CSC-326/E 变压器保护起动一复归
105	11:30:21.530	2 号联络变压器第二套 CSC-326/E 变压器保护起动一复归
106	11:30:21.530	3 号联络变压器第一套 CSC-326/E 变压器保护起动一复归

续表

序号	时 间	报 文 信 息
107	11:30:21.530	3 号联络变压器第二套 CSC–326/E 变压器保护起动—复归
108	11:30:21.530	220kV 甲五线 221 CSC–103 线路保护起动—复归
109	11:30:21.530	220kV 甲五线 221 PCS–902 线路保护起动—复归
110	11:30:21.530	220kV 甲六线 222 CSC–103 线路保护起动—复归
111	11:30:21.530	220kV 甲六线 222 PCS–902 线路保护起动—复归
112	11:30:21.530	220kV 甲七线 223 CSC–103 线路保护起动—复归
113	11:30:21.530	220kV 甲七线 223 PCS–902 线路保护起动—复归
114	11:30:21.530	220kV 甲八线 224 CSC–103 线路保护起动—复归
115	11:30:21.530	220kV 甲八线 224 PCS–902 线路保护起动—复归
116	11:30:21.530	220kV 甲三线 213 CSC–103 线路保护起动—复归
117	11:30:21.530	220kV 甲三线 213 PCS–902 线路保护起动—复归
118	11:30:21.530	220kV 甲四线 214 CSC–103 线路保护起动—复归
119	11:30:21.530	220kV 甲四线 214 PCS–902 线路保护起动—复归
120	11:30:21.530	220kV 甲一线 211 PCS–931 线路保护起动—复归
121	11:30:21.530	220kV 甲一线 211 NSR–303 线路保护起动—复归
122	11:30:21.530	220kV 甲二线 212 PCS–931 线路保护起动—复归
123	11:30:21.530	220kV 甲二线 212 NSR–303 线路保护起动—复归

4. 报文分析判断

从报文 1～6 项内容"500kV 5022 断路器第一组 MU 检修投入""500kV 丙一线 CSC-103B 线路保护告警动作""500kV 5022 第一套断路器 CSC-121 保护告警动作""500kV 5022 断路器第二组 MU 检修投入""500kV 丙一线 PCS-931D 线路保护告警动作""500kV 5022 第二套断路器 CSC-121 保护告警动作"可得知，5022 断路器第一组、第二组合并单元检修压板被投入。11:30:15.300 系统发生故障 500kV、220kV 各保护装置起动。11:30:19.315 2、3 号联络变压器第一套、第二套 CSC-326/E 变压器过电流保护动作，2、3 号联络变压器各侧断路器跳闸、500kV 两段母线失电压。随即故障消失 500kV、220kV 各保护装置复归。

根据报文内容综合分析判断可得知：由于 5022 断路器第一组、第二组合并单元检修压板被投入，丙一线 CSC-103B 线路保护、PCS-931D 线路保护、

5022 第一套、第二套断路器 CSC-121 保护均被闭锁。当发生故障后 4s，2、3 号联络变压器第一套、第二套 CSC-326/E 变压器过电流保护动作，2、3 号联络变压器各侧断路器跳闸，并且 500kV 两段母线失电压。可判断 500kV 线路发生故障，线路保护拒动。变电站对侧 500KV 线路保护动作跳开对侧三相断路器，随后 2、3 号联络变压器过电流保护动作，2、3 号联络变压器各侧断路器跳闸后切除故障点。由于 500kV 丙一线保护被闭锁，丙一线线路故障可能性最大。

5. 处理参考步骤

（1）阅读并分析报文、检查相关保护和设备。

（2）发现 5022 中断路器第一组、第二组合并单元检修压板被投入，立即解除丙一线 CSC-103B 线路保护和 PCS-931D 线路保接收 5022 断路器合并单元 SV 软压板。

（3）根据调度指令恢复丙二线、丙三线线路运行。

（4）依次恢复 2 号、3 号联络变压器运行。

6. 案例要点分析

智能变电站新增了检修机制。智能设备检修硬压板投入后，其发出的数据流将绑定 TEST 置 1 的检修品质位，设备判别采样或开入量"状态不一致"，屏蔽对应功能。智能数字化保护装置将"状态不一致"的电流、电压、开入量排除在外，不参与保护的逻辑运算，且闭锁保护相关功能。涉及多个电流采样的保护，将闭锁差动保护。因此当 5022 断路器第一组、第二组合并单元检修压板被投入，丙一线 CSC-103B 线路保护、PCS-931D 线路保护、5022 第一套、第二套断路器 CSC-121 保护均被闭锁。本案例 5022 断路器进行合并单元和智能终端的消缺和系统升级工作，必须将合并单元的检修压板投入。但应在投入合并单元的检修压板投前将丙一线 CSC-103B 线路保护和 PCS-931D 线路保接收 5023 断路器合并单元 SV 软压板解除。工作结束后必须在合并单元的检修压板解除后方可投入丙一线 CSC-103B 线路保护和 PCS-931D 线路保接收 5022 断路器合并单元 SV 软压板。

案例 6　仿真—变电站 220kV 母差两套保护检修硬压板误投

1. 主接线运行方式

220kV 系统：双母线接线。甲一线 261、1 号主变压器 220kV 侧 26A 接 Ⅰ段母线运行；甲二线 264、2 号主变压器 220kV 侧 26B 接 Ⅱ 段母线运行；母联 26M 断路器运行。

110kV 系统：双母线接线。乙一线 161、1 号主变压器 110kV 侧 16A 接 I 段母线运行；乙二线 164、2 号主变压器 110kV 侧 16B 接 II 段母线运行；母联 16M 断路器运行；乙一线、乙二线对侧接有小电源点。

10kV 系统：单母分段接线。I 段母线接配线一 611、配线二 612、1 号电容器 619、2 号电容器 618、3 号电容器 639、1 号站用变压器 610 运行；II 段母线接配线三 621、配线四 622、4 号电容器 629、5 号电容器 628、6 号电容器 649、2 号站用变压器 620 运行；母联 66M 热备用。

中性点系统：2 号主变压器 220kV 侧 26B8、2 号主变压器 110kV 侧 16B8、1 号主变压器 110kV 侧 16A8 合闸；1 号主变压器 220kV 侧 26A8 断开。

2. 保护配置情况

220kV 线路配置 PCS-902C、PSL-602U 两套线路保护，两套合并单元和智能终端。220kV 母差保护配置两套 PCS-915 母差保护；主变压器配置两套 PST-1200 保护、双合并单元、双智能终端；110kV 母差保护配置一套 PCS-915 母差保护；110kV 线路配置一套 CSC-161 测控保护一体化装置、一套合并单元和智能终端。

3. 事故概况

（1）事故起因：两套 220kV 母差保护检修硬压板误投，母线发生故障。

（2）具体报文信息见表 3-6。

表 3-6　　　　　　　　　　　报 文 信 息

序号	时　间	报 文 信 息
1	10:01:30.100	220kV 第一套 PCS-915 母差保护装置检修投入
2	10:01:30.105	220kV 第一套 PCS-915 母差保护装置告警
3	10:03:25.105	220kV 第二套 PCS-915 母差保护装置检修投入
4	10:03:25.110	220kV 第二套 PCS-915 母差保护装置告警
5	11:30:15.300	甲一线 261 线路 902C 保护起动
6	11:30:15.300	甲一线 261 线路 603U 保护起动
7	11:30:15.300	甲二线 264 线路 902C 保护起动
8	11:30:15.300	甲二线 264 线路 603U 保护起动
9	11:30:15.300	1 号主变压器 PST-1200 第一套后备保护起动
10	11:30:15.300	1 号主变压器 PST-1201 第二套后备保护起动
11	11:30:15.300	1 号主变压器 PST-1200 第二套后备保护起动

序号	时　间	报　文　信　息
12	11:30:15.300	2 号主变压器 PST–1202 第二套后备保护起动
13	11:30:15.300	220kV PCS–915 第一套母差保护 Ⅰ 母电压开放动作
14	11:30:15.300	220kV PCS–915 第一套母差保护 Ⅱ 母电压开放动作
15	11:30:15.300	220kV PCS–915 第二套母差保护 Ⅰ 母电压开放动作
16	11:30:15.300	220kV PCS–915 第二套母差保护 Ⅱ 母电压开放动作
17	11:30:15.300	110kV PCS–91 母差保护 Ⅰ 母电压开放动作
18	11:30:15.300	110kV PCS–91 母差保护 Ⅱ 母电压开放动作
19	11:30:16.600	220kV Ⅰ 段母线电压越限告警
20	11:30:16.600	220kV Ⅰ 段母线计量电压丢失
21	11:30:16.600	220kV Ⅱ 段母线电压越限告警
22	11:30:16.600	220kV Ⅱ 段母线计量电压丢失
23	11:30:16.600	110kV Ⅰ 段母线电压越限告警
24	11:30:16.600	110kV Ⅰ 段母线计量电压丢失
25	11:30:16.600	110kV Ⅱ 段母线电压越限告警
26	11:30:16.600	110kV Ⅱ 段母线计量电压丢失
27	11:30:16.600	10kV Ⅰ 段母线电压越限告警
28	11:30:16.600	10kV Ⅰ 段母线计量电压丢失
29	11:30:16.600	10kV Ⅱ 段母线电压越限告警
30	11:30:16.600	10kV Ⅱ 段母线计量电压丢失
31	11:30:16.630	400V 1 号交流进线屏 Ⅰ 段母线电压异常
32	11:30:16.630	400V 1 号交流进线屏 Ⅰ 段交流系统故障
33	11:30:16.630	400V 2 号交流进线屏 Ⅱ 段母线电压异常
34	11:30:16.630	400V 2 号交流进线屏 Ⅱ 段交流系统故障
35	11:30:16.630	400V 2 号交流进线屏 1 号站用变电压异常
36	11:30:16.630	400V 2 号交流进线屏 2 号站用变电压异常
37	11:30:16.630	400V 1 号交流进线屏 1 号站用变电压异常
38	11:30:16.630	400V 1 号交流进线屏 2 号站用变电压异常
39	11:30:16.750	甲一线 261 线路 603U 保护收远跳动作

续表

序号	时　间	报 文 信 息
40	11:30:16.750	甲二线 264 线路 603U 保护收远跳动作
41	11:30:16.810	甲一线 261 断路器 A 相合位—分
42	11:30:16.810	甲一线 261 断路器 A 相分位—合
43	11:30:16.810	甲一线 261 断路器 B 相合位—分
44	11:30:16.810	甲一线 261 断路器 B 相分位—合
45	11:30:16.810	甲一线 261 断路器 C 相合位—分
46	11:30:16.810	甲一线 261 断路器 C 相分位—合
47	11:30:16.810	甲二线 264 断路器 A 相合位—分
48	11:30:16.810	甲二线 264 断路器 A 相分位—合
49	11:30:16.810	甲二线 264 断路器 B 相合位—分
50	11:30:16.810	甲二线 264 断路器 B 相分位—合
51	11:30:16.810	甲二线 264 断路器 C 相合位—分
52	11:30:16.810	甲二线 264 断路器 C 相分位—合
53	11:30:17.100	甲一线 261 线路 902C 保护起动—复归
54	11:30:17.100	甲一线 261 线路 603U 保护起动—复归
55	11:30:17.100	甲二线 264 线路 902C 保护起动—复归
56	11:30:17.100	甲二线 264 线路 603U 保护起动—复归
57	11:30:17.100	2 号主变压器 PST-1200 第一套后备保护起动—复归
58	11:30:17.100	2 号主变压器 PST-1201 第二套后备保护起动—复归
59	11:30:17.100	1 号主变压器 PST-1200 第二套后备保护起动—复归
60	11:30:17.100	1 号主变压器 PST-1202 第二套后备保护起动—复归

4. 报文分析判断

从报文 1～4 项内容 "220kV 第一套 PCS-915 母差保护装置检修投入"、"220kV 第一套 PCS-915 母差保护装置告警"、"220kV 第二套 PCS-915 母差保护装置检修投入""220kV 第二套 PCS-915 母差保护装置告警"可得知，220kV 母差保护检修压板被投入，220kV 母差保护被闭锁。11:30:15.300 系统发生故障各保护装置起动，随即在 11:30:16.600 出现全站失电压，11:30:16.750 "甲一线 261 线路 603U 保护收远跳动作"、"甲二线 264 线路 603U 保护收远跳动作"甲一线 261、甲二线 264 断路器三相跳闸。各保护装置相继复归。

根据报文内容综合分析判断可得知：故障发生后本站保护装置均未动作，由 220kV 对侧线路保护动作跳开对侧三相断路器后发远跳指令跳开甲一线 261、甲二线 264 断路器。故障可能为线路故障，两套保护拒动或是母线故障。两套母差保护拒动。由于 10:01:30.100 220kV 两套母差保护检修压板被误投，母差保护被闭锁，因此母线故障的可能性较大。

5. 处理参考步骤

（1）阅读并分析报文、检查相关保护和设备并向调度要求通过站用电。

（2）检查发现 220kV 两套母差保护检修压板被误投。

（3）解除 220kV 第一套、第二套母差保护装置检修压板。

（4）检查发现甲二线 2641 刀闸 C 相气室故障。

（5）将甲二线 264 断路器转冷备用。

（6）断开失电压母线上的馈线断路器合主变压器断路器。

（7）向调度申请用甲一线 261 断路器对 220kV Ⅰ、Ⅱ 段母线进行冲击。

（8）220kV 母线冲击正常后依次对主变压器和馈线恢复送电。

6. 案例要点分析

智能变电站新增了检修机制。智能设备检修硬压板投入后，其发出的数据流将绑定 TEST 置 1 的检修品质位，设备判别采样或开入量"状态不一致"，屏蔽对应功能。智能数字化保护装置将"状态不一致"的电流、电压、开入量排除在外，不参与保护的逻辑运算，且闭锁保护相关功能。因此当 220kV 母差保护检修压板被投入，220kV 母差保护被闭锁。

对于 GIS 设备发生故障后，其故障点的查找也不同于 AIS 设备，无法通过查找放电点和放电痕迹定位故障设备。运维人员可采用测量 GIS 设备外壳的温升情况定位故障气室。由于故障气室外壳流过短路电流，其温度必然上升。温升的高低取决于故障电流和气室的大小。因此，对于 GIS 设备发生故障后，运维人员应尽快对 GIS 设备外壳进行测温以定位故障气室。若无法通过测温定位故障气室，则应采用检测气室的 SO_2 分解产物定位故障气室。依据状态检修试验规程：当 SO_2 达 2μL/L 时，应引起注意；当 SO_2 达 5μL/L 时，应停电查明原因。但采用该方法将延误事故处理的时间。

案例中发现甲二线 2641 刀闸 C 相气室故障，处理过程禁止将甲二线 264 断路器转接 Ⅱ 段母线运行。因刀闸故障气室的静触头与甲二线 2642 刀闸有电气连接，甲二线 2642 刀闸合上将引起 220kV Ⅱ 段母线故障。

案例 7　仿真二变电站 220kV 断路器两套保护检修硬压板误投

1. 主接线运行方式

220kV 系统：桥式接线。甲一线 271、甲二线 272、母联 27M 断路器运行。

110kV 系统：双母线接线。乙一线 175、乙三线 177、1 号主变压器 110kV 侧 17A 接 I 段母线运行；乙二线 176、乙四线 178、2 号主变压器 110kV 侧 17B 接 II 段母线运行；母联 17M 断路器运行。

10kV 系统：单母分段接线。 I 段母线接配线一 911、1 号电容器 919、2 号电容器 918、3 号电容器 939、4 号电容器 938、1 号站用变压器 910 运行； II 段母线接配线二 921、5 号电容器 929、6 号电容器 928、7 号电容器 949、8 号电容器 948、2 号站用变压器 920 运行；母联 97M 热备用。

中性点系统：2 号主变压器 220kV 侧 27B8、2 号主变压器 110kV 侧 17B8、1 号主变压器 110kV 侧 17A8 合闸；1 号主变压器 220kV 侧 27A8 断开。

2. 保护配置情况

220kV 线路配置 PCS-931、CSC-103 两套线路保护，两套合并单元和智能终端。主变压器配置两套 PCS-978 保护，220kV 断路器配置 PCS-921 和 CSC-121 两套断路器保护，实现重合闸和失灵功能。220kV 母线配置两套 PCS-922 短引线保护。110kV 线路保护配置一套 PCS-941 保护，110kV 母线配置一套 SGB-750 母差保护。保护均采用直采直跳方式，跨间隔的跳合闸和联闭锁采用组网传输。

3. 事故概况

（1）事故起因：220kV 甲一线 271 两套断路器保护检修硬压板误投。

（2）具体报文信息见表 3-7。

表 3-7　　　　　　　　　　报　文　信　息

序号	时　间	报　文　信　息
1	10:01:30.100	甲一线 271 PCS-921 断路器保护装置检修投入
2	10:01:30.105	甲一线 271 PCS-921 断路器保护装置告警
3	10:03:25.105	甲一线 271 CSC-121 断路器保护装置检修投入
4	10:03:25.110	甲一线 271 CSC-121 断路器保护装置告警
5	11:30:15.300	220kV 甲一线 271 线路保护 PCS-931AM 保护起动
6	11:30:15.300	220kV 甲一线 271 线路保护 CSC-103B 保护起动

序号	时　间	报　文　信　息
7	11:30:15.300	220kV 甲一线 271 断路器 PCS921G–D 保护起动
8	11:30:15.300	220kV 甲一线 271 断路器 CSC121AE 保护起动
9	11:30:15.300	220kV 甲二线 272 线路保护 PCS–931AM 保护起动
10	11:30:15.300	220kV 甲二线 272 线路保护 CSC–103B 保护起动
11	11:30:15.300	220kV 甲二线 272 断路器 PCS921G–D 保护起动
12	11:30:15.300	220kV 甲二线 272 断路器 CSC121AE 保护起动
13	11:30:15.300	220kV 母联 27M 保护 PCS–921G–D 保护起动
14	11:30:15.300	220kV 母联 27M 保护 CSC–121AE 保护起动
15	11:30:15.300	1 号主变压器 PCS–978 第一套保护起动
16	11:30:15.300	1 号主变压器 PCS–978 第二套保护起动
17	11:30:15.300	2 号主变压器 PCS–978 第一套保护起动
18	11:30:15.300	2 号主变压器 PCS–978 第二套保护起动
19	11:30:15.300	110kV 母线差动保护起动
20	11:30:15.300	110kV 母线差动保护电压开放
21	11:30:15.300	220kV 甲一线 271 断路器 SF_6 压力低闭锁分合闸
22	11:30:15.300	220kV 甲一线 271 断路器第一组控制回路断线
23	11:30:15.300	220kV 甲一线 271 断路器第二组控制回路断线
24	11:30:15.315	220kV 甲一线 271 线路保护 PCS–931AM 差动保护动作
25	11:30:15.315	220kV 甲一线 271 线路保护 CSC–103B 差动保护动作
26	11:30:18.000	220kV Ⅰ 段母线电压越限告警
27	11:30:18.000	220kV Ⅰ 段母线计量电压丢失
28	11:30:18.000	220kV Ⅱ 段母线电压越限告警
29	11:30:18.000	220kV Ⅱ 段母线计量电压丢失
30	11:30:18.000	110kV Ⅰ 段母线电压越限告警
31	11:30:18.000	110kV Ⅰ 段母线计量电压丢失
32	11:30:18.000	110kV Ⅱ 段母线电压越限告警
33	11:30:18.000	110kV Ⅱ 段母线计量电压丢失
34	11:30:18.000	10kV Ⅰ 段母线电压越限告警
35	11:30:18.000	10kV Ⅰ 段母线计量电压丢失

续表

序号	时　间	报　文　信　息
36	11:30:18.000	10kV Ⅱ 段母线电压越限告警
37	11:30:18.000	10kV Ⅱ 段母线计量电压丢失
38	11:30:18.000	400V 1 号交流进线屏 Ⅰ 段母线电压异常
39	11:30:18.000	400V 1 号交流进线屏 Ⅰ 段交流系统故障
40	11:30:18.000	400V 2 号交流进线屏 Ⅱ 段母线电压异常
41	11:30:18.000	400V 2 号交流进线屏 Ⅱ 段交流系统故障
42	11:30:18.000	400V 2 号交流进线屏 1 号站用变电压异常
43	11:30:18.000	400V 2 号交流进线屏 2 号站用变电压异常
44	11:30:18.000	400V 1 号交流进线屏 1 号站用变电压异常
45	11:30:18.000	400V 1 号交流进线屏 2 号站用变电压异常
46	11:30:20.000	220kV 甲一线 271 线路保护 PCS-931AM 保护起动—复归
47	11:30:20.000	220kV 甲一线 271 线路保护 CSC-103B 保护起动—复归
48	11:30:20.000	220kV 甲一线 271 断路器 PCS921G-D 保护起动—复归
49	11:30:20.000	220kV 甲一线 271 断路器 CSC-121AE 保护起动—复归
50	11:30:20.000	220kV 甲二线 272 线路保护 PCS-931AM 保护起动—复归
51	11:30:20.000	220kV 甲二线 272 线路保护 CSC-103B 保护起动—复归
52	11:30:20.000	220kV 甲二线 272 断路器 PCS921G-D 保护起动—复归
53	11:30:20.000	220kV 甲二线 272 断路器 CSC-121AE 保护起动—复归
54	11:30:20.000	220kV 母联 27M 保护 PCS921G-D 保护起动—复归
55	11:30:20.000	220kV 母联 27M 保护 CSC-121AE 保护起动—复归
56	11:30:20.000	1 号主变压器 PCS-978 第一套保护起动—复归
57	11:30:20.000	1 号主变压器 PCS-978 第二套保护起动—复归
58	11:30:20.000	2 号主变压器 PCS-978 第一套保护起动—复归
59	11:30:20.000	2 号主变压器 PCS-978 第二套保护起动—复归
60	11:30:20.000	110kV 母线差动保护起动—复归
61	11:30:20.000	110kV 母线差动保护电压开放—复归

4. 报文分析判断

从报文 1～4 项内容，"甲一线 271 PCS-921 断路器保护装置一检修投入"、"甲一线 271 PCS-921 断路器保护装置一告警"、"甲一线 271CSC121 断路器保护装置二检修投入""甲一线271CSC121断路器保护装置二告警"可得知,甲一线271两套断路器保护检修压板被投入,220kV甲一线271断路器保护被闭锁。11:30:15.300系统发生故障,各保护装置出现起动信号,且出现甲一线271断路器SF_6压力低闭锁分合闸信号,15ms后甲一线271两套线路保护动作,随即在11:30:18.000出现全站失电压,最后各保护装置相继复归。

根据报文内容综合分析判断可得知:甲一线271线路故障发生后甲一线271线路两套保护正确动作,但由于甲一线271断路器SF_6压力低闭锁,造成甲一线271断路器未跳开,本应起动甲一线271断路器失灵保护,但甲一线271断路器失灵保护被至检修,无法动作,最后由甲二线272对侧后备保护动作跳开后切除短路电流,造成本侧全站失电压。

5. 处理参考步骤

（1）阅读并分析报文、检查相关保护和设备并向调度要求转供站用电。

（2）检查发现220kV甲一线271两套断路器保护检修压板被误投。

（3）解除220kV甲一线271第一套、第二套断路器保护装置检修压板。

（4）检查发现甲一线271断路器C相气室异常,压力已降低闭锁值。

（5）将甲一线271断路器转冷备用。

（6）断开失电压母线上的馈线断路器和主变断路器。

（7）向调度申请用甲二线272断路器对220kV Ⅰ、Ⅱ段母线进行冲击。

（8）220kV母线冲击正常后依次对主变压器和馈线恢复送电。

6. 案例要点分析

智能变电站新增了检修机制。智能设备检修硬压板投入后,其发出的数据流将绑定TEST置1的检修品质位,设备判别采样或开入量"状态不一致",屏蔽对应功能。智能数字化保护装置将"状态不一致"的电流、电压、开入量排除在外,不参与保护的逻辑运算,且闭锁保护相关功能。因此当220kV甲一线271断路器保护检修压板被投入,保护被闭锁。

断路器压力降低造成分闸闭锁,在甲一线271线路发生故障时,两套线路正确动作但由于受压力低闭锁,导致断路器无法正常跳开,本应正确起动甲一线271断路器失灵保护跳开甲一线271及母联27M断路器隔离故障点。但是甲一线271断路器失灵保护被误投检修,对于接收到的甲一线271线路保护动作起动失灵的GOOSE命令不做处理,导致断路器保护拒动无法起动失灵,最后只能由另一电源点甲二线272线路对侧的后备保护动作跳开后,方将故障点切除,这样造成本站全站失电压。

案例中发现 271 断路器 C 相气室压力异常，应将其隔离转至冷备用状态，等待检查。利用甲二线 272 断路器对站内设备进行供电，恢复相应负荷。

案例 8 仿真二变电站 220kV 两套短引线保护检修硬压板误投

1. 主接线运行方式

220kV 系统：桥式接线。甲一线 271 接Ⅰ段母线运行、甲二线 272 接Ⅱ母带 2 号主变压器运行、母联 27M 断路器运行；1 号主变压器冷备用（高压侧刀闸断开）。

110kV 系统：双母线接线。乙一线 175、乙三线 177、1 号主变压器 110kV 侧 17A 接Ⅰ段母线运行；乙二线 176、乙四线 178、2 号主变压器 110kV 侧 17B 接Ⅱ段母线运行；母联 17M 断路器运行。

10kV 系统：单母分段接线。Ⅰ段母线接配线一 911、1 号电容器 919、2 号电容器 918、3 号电容器 939、4 号电容器 938、1 号站用变压器 910 运行；Ⅱ段母线接配线二 921、5 号电容器 929、6 号电容器 928、7 号电容器 949、8 号电容器 948、2 号站用变压器 920 运行；母联 97M 热备用。

中性点系统：2 号主变压器 220kV 侧 27B8、2 号主变压器 110kV 侧 17B8 合闸；1 号主变压器 110kV 侧 17A8、1 号主变压器 220kV 侧 27A8 断开。

2. 保护配置情况

220kV 线路配置 PCS-931、CSC-103 两套线路保护，两套合并单元和智能终端；主变压器配置两套 PCS-978 保护；220kV 断路器配置 PCS-921 和 CSC-121 两套断路器保护，实现重合闸和失灵功能；220kV 母线配置两套 PCS-922 短引线保护。110kV 线路保护配置一套 PCS-941 保护，110kV 母线配置一套 SGB-750 母差保护。保护均采用直采直跳方式，跨间隔的跳合闸和联闭锁采用组网传输。

3. 事故概况

（1）事故起因：220kV Ⅰ段母线两套短引线保护检修硬压板误投。

（2）具体报文信息见表 3-8。

表 3-8　　　　　　　　报 文 信 息

序号	时 间	报 文 信 息
1	10:01:30.100	220kV Ⅰ段母线 PCS-922 第一套短引线保护装置检修投入
2	10:01:30.105	220kV Ⅰ段母线 PCS-922 第一套短引线保护装置告警

续表

序号	时 间	报 文 信 息
3	10:03:25.105	220kV Ⅰ 段母线 PCS-922 第二套短引线保护装置检修投入
4	10:03:25.110	220kV Ⅰ 段母线 PCS-922 第二套短引线保护装置告警
5	11:30:15.300	220kV 甲一线 271 线路保护 PCS-931AM 保护起动
6	11:30:15.300	220kV 甲一线 271 线路保护 CSC-103B 保护起动
7	11:30:15.300	220kV 甲一线 271 断路器 PCS-921G-D 保护起动
8	11:30:15.300	220kV 甲一线 271 断路器 CSC-121AE 保护起动
9	11:30:15.300	220kV 甲二线 272 线路保护 PCS-931AM 保护起动
10	11:30:15.300	220kV 甲二线 272 线路保护 CSC-103B 保护起动
11	11:30:15.300	220kV 甲二线 272 断路器 PCS-921G-D 保护起动
12	11:30:15.300	220kV 甲二线 272 断路器 CSC-121AE 保护起动
13	11:30:15.300	220kV 母联 27M 保护 PCS-921G-D 保护起动
14	11:30:15.300	220kV 母联 27M 保护 CSC-121AE 保护起动
15	11:30:15.300	1 号主变压器 PCS-978 第一套保护起动
16	11:30:15.300	1 号主变压器 PCS-978 第二套保护起动
17	11:30:15.300	2 号主变压器 PCS-978 第一套保护起动
18	11:30:15.300	2 号主变压器 PCS-978 第二套保护起动
19	11:30:15.300	110kV 母线差动保护起动
20	11:30:15.300	110kV 母线差动保护电压开放
21	11:30:18.000	220kV Ⅰ 段母线电压越限告警
22	11:30:18.000	220kV Ⅰ 段母线计量电压丢失
23	11:30:18.000	220kV Ⅱ 段母线电压越限告警
24	11:30:18.000	220kV Ⅱ 段母线计量电压丢失
25	11:30:18.000	110kV Ⅰ 段母线电压越限告警
26	11:30:18.000	110kV Ⅰ 段母线计量电压丢失
27	11:30:18.000	110kV Ⅱ 段母线电压越限告警
28	11:30:18.000	110kV Ⅱ 段母线计量电压丢失
29	11:30:18.000	10kV Ⅰ 段母线电压越限告警
30	11:30:18.000	10kV Ⅰ 段母线计量电压丢失
31	11:30:18.000	10kV Ⅱ 段母线电压越限告警

续表

序号	时　间	报 文 信 息
32	11:30:18.000	10kV Ⅱ 段母线计量电压丢失
33	11:30:18.000	400V 1 号交流进线屏 Ⅰ 段母线电压异常
34	11:30:18.000	400V 1 号交流进线屏 Ⅰ 段交流系统故障
35	11:30:18.000	400V 2 号交流进线屏 Ⅱ 段母线电压异常
36	11:30:18.000	400V 2 号交流进线屏 Ⅱ 段交流系统故障
37	11:30:18.000	400V 2 号交流进线屏 1 号站用变压器电压异常
38	11:30:18.000	400V 2 号交流进线屏 2 号站用变压器电压异常
39	11:30:18.000	400V 1 号交流进线屏 1 号站用变压器电压异常
40	11:30:18.000	400V 1 号交流进线屏 2 号站用变压器电压异常
41	11:30:20.000	220kV 甲一线 271 线路保护 PCS931AM 保护起动—复归
42	11:30:20.000	220kV 甲一线 271 线路保护 CSC103B 保护起动—复归
43	11:30:20.000	220kV 甲一线 271 断路器 PCS921G–D 保护起动—复归
44	11:30:20.000	220kV 甲一线 271 断路器 CSC121AE 保护起动—复归
45	11:30:20.000	220kV 甲二线 272 线路保护 PCS931AM 保护起动—复归
46	11:30:20.000	220kV 甲二线 272 线路保护 CSC103B 保护起动—复归
47	11:30:20.000	220kV 甲二线 272 断路器 PCS921G–D 保护起动—复归
48	11:30:20.000	220kV 甲二线 272 断路器 CSC121AE 保护起动—复归
49	11:30:20.000	220kV 母联 27M 保护 PCS921G–D 保护起动—复归
50	11:30:20.000	220kV 母联 27M 保护 CSC121AE 保护起动—复归
51	11:30:20.000	1 号主变压器 PCS–978 第一套保护起动—复归
52	11:30:20.000	1 号主变压器 PCS–978 第二套保护起动—复归
53	11:30:20.000	2 号主变压器 PCS–978 第一套保护起动—复归
54	11:30:20.000	2 号主变压器 PCS–978 第二套保护起动—复归
55	11:30:20.000	110kV 母线差动保护起动—复归
56	11:30:20.000	110kV 母线差动保护电压开放—复归

4. 报文分析判断

从报文 1～4 项内容 "220kV Ⅰ 段母线 PCS-922 第一套短引线保护装置检修投入"、"220kV Ⅰ 段母线 PCS-922 第一套短引线保护装置告警"、"220kV Ⅰ 段母线 PCS-922 第二套短引线保护装置检修投入"、"220kV Ⅰ 段母线 PCS-922

第二套短引线保护装置告警"可得知，220kV Ⅰ段母线两套短引线保护检修压板被投入，220kV Ⅰ段母线两套短引线保护被闭锁。11:30:15.300 系统发生故障各保护装置出现起动信号，约 2.5s 后出现全站失电压，最后各保护装置相继复归。

根据报文内容综合分析判断可得知：220kV Ⅰ段母线两套短引线保护检修压板误投，保护被闭锁。随后系统发生异常扰动，相应保护出现起动信号，没有保护动作信号。最后全站各电压等级母线出现失电压信号。故障可能为Ⅰ段母线故障，两套短引线保护检修压板被误投，保护被闭锁，本侧保护均无法动作，造成故障由电源端对侧后备段跳开。因此母线故障的可能性较大。

5. 处理参考步骤

（1）阅读并分析报文、检查相关保护和设备并向调度要求转供站用电。

（2）检查发现 220kV Ⅰ段母线两套短引线保护检修压板被误投。

（3）解除 220kV Ⅰ段母线两套短引线保护装置检修压板。

（4）检查发现甲一线 2711 刀闸 A 相气室故障。

（5）将甲一线 271 断路器转冷备用。

（6）断开失电压母线上的馈线断路器和主变压器断路器。

（7）向调度申请用甲二线 272 断路器对 220kV Ⅱ段母线进行冲击。

（8）220kV 母线冲击正常后依次对主变压器和馈线恢复送电。

6. 案例要点分析

智能变电站新增了检修机制。智能设备检修硬压板投入后，其发出的数据流将绑定 TEST 置 1 的检修品质位，设备判别采样或开入量"状态不一致"，屏蔽对应功能。智能数字化保护装置将"状态不一致"的电流、电压采样量排除在外，不参与保护的逻辑运算，且闭锁保护相关功能。因此当 220kV Ⅰ母两套短引线保护检修压板被投入，保护均被闭锁。

220kV 甲一线 2711 刀闸 A 相气室发生故障，属于 220kV Ⅰ母短引线保护范围，然而由于短引线保护被误置检修状态，导致保护闭锁拒动。最后，故障点只能由电源线路的对侧保护后备段动作于跳闸后将其隔离。

案例 9 仿真二变电站 220kV 母联断路器两套智能终端检修硬压板误投

1. 主接线运行方式

220kV 系统：桥式接线。甲一线 271、甲二线 272、母联 27M 断路器运行，

1、2 号主变压器运行。

110kV 系统：双母线接线。乙一线 175、乙三线 177、1 号主变压器 110kV 侧 17A 接 I 段母线运行；乙二线 176、乙四线 178、2 号主变压器 110kV 侧 17B 接 II 段母线运行；母联 17M 断路器运行。

10kV 系统：单母分段接线。I 段母线接配线一 911、1 号电容器 919、2 号电容器 918、3 号电容器 939、4 号电容器 938、1 号站用变压器 910 运行；II 段母线接配线二 921、5 号电容器 929、6 号电容器 928、7 号电容器 949、8 号电容器 948、2 号站用变压器 920 运行；母联 97M 热备用。

中性点系统：2 号主变压器 220kV 侧 27B8、2 号主变压器 110kV 侧 17B8、1 号主变压器 110kV 侧 17A8 合闸；1 号主变压器 220kV 侧 27A8 断开。

2. 保护配置情况

220kV 线路配置 PCS-931、CSC-103 两套线路保护，两套合并单元和智能终端。主变压器配置两套 PCS-978 保护，220kV 断路器配置 PCS-921 和 CSC-121 两套断路器保护，实现重合闸和失灵功能。220kV 母线配置两套 PCS-922 短引线保护。110kV 线路保护配置一套 PCS-941 保护，110kV 母线配置一套 SGB-750 母差保护。保护均采用直采直跳方式，跨间隔的跳合闸和联闭锁采用组网传输。

3. 事故概况

（1）事故起因：220kV 母联 27M 间隔两套智能终端检修硬压板误投。

（2）具体报文信息见表 3-9。

表 3-9　　　　　　　　　　报　文　信　息

序号	时　间	报　文　信　息
1	10:01:30.100	220kV 母联 27M 间隔第一套智能终端检修投入
2	10:01:30.105	220kV 母联 27M 间隔第一套智能终端告警
3	10:03:25.105	220kV 母联 27M 间隔第二套智能终端检修投入
4	10:03:25.110	220kV 母联 27M 间隔第二套智能终端告警
5	11:30:15.300	220kV 甲一线 271 线路保护 PCS931AM 保护起动
6	11:30:15.300	220kV 甲一线 271 线路保护 CSC103B 保护起动
7	11:30:15.300	220kV 甲一线 271 断路器 PCS921G-D 保护起动
8	11:30:15.300	220kV 甲一线 271 断路器 CSC121AE 保护起动
9	11:30:15.300	220kV 甲二线 272 线路保护 PCS931AM 保护起动
10	11:30:15.300	220kV 甲二线 272 线路保护 CSC103B 保护起动

序号	时　间	报　文　信　息
11	11:30:15.300	220kV 甲二线 272 断路器 PCS921G–D 保护起动
12	11:30:15.300	220kV 甲二线 272 断路器 CSC121AE 保护起动
13	11:30:15.300	220kV 母联 27M 保护 PCS921G–D 保护起动
14	11:30:15.300	220kV 母联 27M 保护 CSC121AE 保护起动
15	11:30:15.300	1 号主变压器 PCS–978 第一套保护起动
16	11:30:15.300	1 号主变压器 PCS–978 第二套保护起动
17	11:30:15.300	2 号主变压器 PCS–978 第一套保护起动
18	11:30:15.300	2 号主变压器 PCS–978 第二套保护起动
19	11:30:15.300	110kV 母线差动保护起动
20	11:30:15.300	110kV 母线差动保护电压开放
21	11:30:15.315	1 号主变压器 PCS–978 第一套差动保护动作
22	11:30:15.315	1 号主变压器 PCS–978 第二套差动保护动作
23	11:30:15.340	220kV 甲一线 271 断路器合位—分
24	11:30:15.340	220kV 甲一线 271 断路器分位—合
25	11:30:15.340	1 号主变压器 110kV 侧 17A 断路器合位—分
26	11:30:15.340	1 号主变压器 110kV 侧 17A 断路器分位—合
27	11:30:15.340	1 号主变压器 10kV 侧 97A 断路器合位—分
28	11:30:15.340	1 号主变压器 10kV 侧 97A 断路器分位—合
29	11:30:15.600	220kV 母联 27M PCS–921 断路器保护动作
30	11:30:15.600	220kV 母联 27M PCS–921 断路器失灵保护动作
31	11:30:15.600	220kV 母联 27M CSC–121 断路器保护动作
32	11:30:15.600	220kV 母联 27M CSC–121 断路器失灵保护动作
33	11:30:15.620	220kV 甲二线 272 断路器合位—分
34	11:30:15.620	220kV 甲二线 272 断路器分位—合
35	11:30:15.620	2 号主变压器 110kV 侧 17B 断路器合位—分
36	11:30:15.620	2 号主变压器 110kV 侧 17B 断路器分位—合
37	11:30:15.620	2 号主变压器 10kV 侧 97B 断路器合位—分
38	11:30:15.620	2 号主变压器 10kV 侧 97B 断路器分位—合
39	11:30:16.000	220kV Ⅰ 段母线电压越限告警
40	11:30:16.000	220kV Ⅰ 段母线计量电压丢失

序号	时　间	报　文　信　息
41	11:30:16.000	220kV Ⅱ 段母线电压越限告警
42	11:30:16.000	220kV Ⅱ 段母线计量电压丢失
43	11:30:16.000	110kV Ⅰ 段母线电压越限告警
44	11:30:16.000	110kV Ⅰ 段母线计量电压丢失
45	11:30:16.000	110kV Ⅱ 段母线电压越限告警
46	11:30:16.000	110kV Ⅱ 段母线计量电压丢失
47	11:30:16.000	10kV Ⅰ 段母线电压越限告警
48	11:30:16.000	10kV Ⅰ 段母线计量电压丢失
49	11:30:16.000	10kV Ⅱ 段母线电压越限告警
50	11:30:16.000	10kV Ⅱ 段母线计量电压丢失
51	11:30:16.000	400V 1 号交流进线屏 Ⅰ 段母线电压异常
52	11:30:16.000	400V 1 号交流进线屏 Ⅰ 段交流系统故障
53	11:30:16.000	400V 2 号交流进线屏 Ⅱ 段母线电压异常
54	11:30:16.000	400V 2 号交流进线屏 Ⅱ 段交流系统故障
55	11:30:16.000	400V 2 号交流进线屏 1 号站用变电压异常
56	11:30:16.000	400V 2 号交流进线屏 2 号站用变电压异常
57	11:30:16.000	400V 1 号交流进线屏 1 号站用变电压异常
58	11:30:16.000	400V 1 号交流进线屏 2 号站用变电压异常
59	11:30:20.000	220kV 甲一线 271 线路保护 PCS931AM 保护起动—复归
60	11:30:20.000	220kV 甲一线 271 线路保护 CSC103B 保护起动—复归
61	11:30:20.000	220kV 甲一线 271 断路器 PCS921G–D 保护起动—复归
62	11:30:20.000	220kV 甲一线 271 断路器 CSC121AE 保护起动—复归
63	11:30:20.000	220kV 甲二线 272 线路保护 PCS931AM 保护起动—复归
64	11:30:20.000	220kV 甲二线 272 线路保护 CSC103B 保护起动—复归
65	11:30:20.000	220kV 甲二线 272 断路器 PCS921G–D 保护起动—复归
66	11:30:20.000	220kV 甲二线 272 断路器 CSC121AE 保护起动—复归
67	11:30:20.000	220kV 母联 27M 保护 PCS921G–D 保护起动—复归
68	11:30:20.000	220kV 母联 27M 保护 CSC121AE 保护起动—复归
69	11:30:20.000	1 号主变压器 PCS–978 第一套保护起动—复归

续表

序号	时　间	报　文　信　息
70	11:30:20.000	1 号主变压器 PCS-978 第二套保护起动—复归
71	11:30:20.000	2 号主变压器 PCS-978 第一套保护起动—复归
72	11:30:20.000	2 号主变压器 PCS-978 第二套保护起动—复归
73	11:30:20.000	110kV 母线差动保护起动—复归
74	11:30:20.000	110kV 母线差动保护电压开放—复归

4. 报文分析判断

从报文 1～4 项内容 "220kV 母联 27M 间隔第一套智能终端检修投入"、"220kV 母联 27M 间隔第一套智能终端告警"、"220kV 母联 27M 间隔第二套智能终端检修投入"、"220kV 母联 27M 间隔第二套智能终端告警"可得知，220kV 母联 27M 两套智能终端检修压板被投入。11:30:15.300 系统发生故障各保护装置出现起动信号，11:30:15.3151 号主变压器两套差动保护同时动作，甲一线 271、1 号主变压器 110kV 侧 17A、1 号主变压器 10kV 侧 97A 跳开变位；约 0.3s 后母联 27M 断路器失灵保护动作，甲二线 272、2 号主变压器 110kV 侧 17B、2 号主变压器 10kV 侧 97B 跳开变位。全站失电压，相应保护起动信号复归。

根据报文内容综合分析判断可得知：220kV 母联 27M 两套智能终端检修压板误投，1 号主变压器差动保护动作无法跳开母联 27M 断路器，母联 27M 断路器失灵动作，跳甲二线 272 断路器及联切 2 号主变压器各侧断路器，最后全站各电压等级母线出现失电压信号。根据保护动作信号分析，故障点可分析为 1 号主变压器差动保护范围内。

5. 处理参考步骤

（1）阅读并分析报文、检查相关保护和设备并向调度要求转供站用电。

（2）检查发现 220kV 母联 27M 两套智能终端检修压板被误投。

（3）解除 220kV 母联 27M 两套智能终端装置检修压板。

（4）检查发现 1 号主变压器本体 110kV 侧 A 相套管由明显闪络放电痕迹。

（5）将 1 号主变压器转冷备用。

（6）断开失电压母线上的馈线断路器合主变压器断路器。

（7）向调度申请用甲一线 271 或甲二线 272 断路器对 220kV Ⅰ、Ⅱ 段母线进行冲击。

（8）220kV 母线冲击正常后依次对 2 号主变压器和馈线恢复送电。

6. 案例要点分析

智能变电站新增了检修机制。智能设备检修硬压板投入后，其发出的数据流将绑定 TEST 置 1 的检修品质位，设备判别采样或开入量"状态不一致"，屏蔽对应功能。智能数字化保护装置将"状态不一致"的电流、电压、开入量排除在外，不参与保护的逻辑运算，且闭锁保护相关功能。因此当 220kV 母联 27M 间隔智能终端检修压板被投入，将无法接收保护动作跳合闸命令，断路器将拒动。

所以在 1 号主变压器保护差动区内发生故障时，1 号主变压器保护动作应跳开甲一线 271、母联 27M、2 号主变压器 110kV 侧 17B、2 号主变压器 10kV 侧 97B 断路器，但由于母联 27M 智能终端检修压板被误投，所以无法跳开母联 27M 断路器。母联 27M 断路器保护接收到 1 号主变压器电量保护动作后准备起动失灵，且母联 27M 失灵电流满足条件，失灵保护动作出口跳母联 27M 及甲二线 272 断路器，同时发高压侧失灵联跳命令至 1、2 号主变压器保护，2 号主变压器保护接收到失灵联跳命令后，动作于出口跳 2 号主变压器 110kV 侧 17B、2 号主变压器 10kV 侧 97B 断路器。

案例中发现故障点存在于 1 号主变压器 110kV 侧 A 相套管，应将 1 号主变压器转至冷备用状态，等待检查。利用甲一线 271 或甲二线 272 断路器对站内设备进行供电，恢复相应负荷。

案例 10　仿真二变电站 110kV 母线合并单元检修硬压板误投

1. 主接线运行方式

220kV 系统：桥式接线。甲一线 271、甲二线 272、母联 27M 断路器运行，1、2 号主变压器运行。

110kV 系统：双母线接线。乙一线 175、乙三线 177、1 号主变压器 110kV 侧 17A 接 Ⅰ 段母线运行；乙二线 176、乙四线 178、2 号主变压器 110kV 侧 17B 接 Ⅱ 段母线运行；母联 17M 断路器运行。

10kV 系统：单母分段接线。Ⅰ 段母线接配线一 911、1 号电容器 919、2 号电容器 918、3 号电容器 939、4 号电容器 938、1 号站用变压器 910 运行；Ⅱ 段母线接配线二 921、5 号电容器 929、6 号电容器 928、7 号电容器 949、8 号电容器 948、2 号站用变压器 920 运行；母联 97M 热备用。

中性点系统：2 号主变压器 220kV 侧 27B8、2 号主变压器 110kV 侧 17B8、1 号主变压器 110kV 侧 17A8 合闸；1 号主变压器 220kV 侧 27A8 断开。

2. 保护配置情况

220kV 线路配置 PCS-931、CSC-103 两套线路保护，两套合并单元和智能终端。主变压器配置两套 PCS-978 保护，220kV 断路器配置 PCS-921 和 CSC-121 两套断路器保护，实现重合闸和失灵功能。220kV 母线配置两套 PCS-922 短引线保护。110kV 线路保护配置一套 PCS-941 保护、重合闸投入有检定方式，110kV 母线配置一套 SGB-750 母差保护。110kV 母线电压配置两套合并单元，分别接入不同的间隔保护。保护均采用直采直跳方式，跨间隔的跳合闸和联闭锁采用组网传输。

3. 事故概况

（1）事故起因：110kV 母线 TV 合并单元一置检修压板投入。

（2）具体报文信息见表 3-10。

表 3-10　　　　　　　　　报 文 信 息

序号	时　间	报 文 信 息
1	10:00:00.000	110kV 母线电压合并单元一检修投入
2	10:00:00.000	乙一线 175 合智一体母线合并单元至检修
3	10:00:00.000	乙一线 175 合智一体母线合并单元数据无效
4	10:00:00.000	乙一线 175 合智一体 SV 总告警
5	10:00:00.000	乙三线 177 合智一体母线合并单元至检修
6	10:00:00.000	乙三线 177 合智一体母线合并单元数据无效
7	10:00:00.000	乙三线 177 合智一体 SV 总告警
8	10:00:00.000	母联 17M 合智一体母线合并单元至检修
9	10:00:00.000	母联 17M 合智一体母线合并单元数据无效
10	10:00:00.000	母联 17M 合智一体 SV 总告警
11	10:00:00.000	110kV 母差保护电压通道采样数据异常
12	10:00:00.000	110kV 母差保护电压开放
13	10:00:00.000	110kV 母差保护告警总
14	10:00:00.000	1 号主变压器 17A 合智一体装置一母线合并单元至检修
15	10:00:00.000	1 号主变压器 17A 合智一体装置一母线合并单元数据无效
16	10:00:00.000	1 号主变压器 17A 合智一体装置一告警
17	10:00:00.000	2 号主变压器 17B 合智一体装置一母线合并单元至检修
18	10:00:00.000	2 号主变压器 17B 合智一体装置一母线合并单元数据无效

续表

序号	时　间	报　文　信　息
19	10:00:00.000	2 号主变压器 17B 合智一体装置—告警
20	11:30:15.300	220kV 甲一线 271 线路保护 PCS–931AM 保护起动
21	11:30:15.300	220kV 甲一线 271 线路保护 CSC–103B 保护起动
22	11:30:15.300	220kV 甲一线 271 断路器 PCS–921G–D 保护起动
23	11:30:15.300	220kV 甲一线 271 断路器 CSC–121AE 保护起动
24	11:30:15.300	220kV 甲二线 272 线路保护 PCS–931AM 保护起动
25	11:30:15.300	220kV 甲二线 272 线路保护 CSC–103B 保护起动
26	11:30:15.300	220kV 甲二线 272 断路器 PCS–921G–D 保护起动
27	11:30:15.300	220kV 甲二线 272 断路器 CSC–121AE 保护起动
28	11:30:15.300	220kV 母联 27M 保护 PCS–921G–D 保护起动
29	11:30:15.300	220kV 母联 27M 保护 CSC–121AE 保护起动
30	11:30:15.300	1 号主变压器 PCS–978 第一套保护起动
31	11:30:15.300	1 号主变压器 PCS–978 第二套保护起动
32	11:30:15.300	2 号主变压器 PCS–978 第一套保护起动
33	11:30:15.300	2 号主变压器 PCS–978 第二套保护起动
34	11:30:15.315	110kV 乙一线 175 线路 PCS941A–DM 保护动作
35	11:30:15.315	110kV 乙一线 175 线路 PCS941A–DM 接地距离Ⅰ段动作
36	11:30:15.315	110kV 乙一线 175 线路 PCS941A–DM 相间距离Ⅰ段动作
37	11:30:15.340	110kV 乙一线 175 断路器合位—分
38	11:30:15.340	110kV 乙一线 175 断路器分位—合
39	11:30:20.000	220kV 甲一线 271 线路保护 PCS931AM 保护起动—复归
40	11:30:20.000	220kV 甲一线 271 线路保护 CSC103B 保护起动—复归
41	11:30:20.000	220kV 甲一线 271 断路器 PCS921G–D 保护起动—复归
42	11:30:20.000	220kV 甲一线 271 断路器 CSC121AE 保护起动—复归
43	11:30:20.000	220kV 甲二线 272 线路保护 PCS931AM 保护起动—复归
44	11:30:20.000	220kV 甲二线 272 线路保护 CSC103B 保护起动—复归
45	11:30:20.000	220kV 甲二线 272 断路器 PCS921G–D 保护起动—复归
46	11:30:20.000	220kV 甲二线 272 断路器 CSC121AE 保护起动—复归
47	11:30:20.000	220kV 母联 27M 保护 PCS921G–D 保护起动—复归
48	11:30:20.000	220kV 母联 27M 保护 CSC121AE 保护起动—复归

序号	时 间	报 文 信 息
49	11:30:20.000	1号主变压器 PCS-978 第一套保护起动—复归
50	11:30:20.000	1号主变压器 PCS-978 第二套保护起动—复归
51	11:30:20.000	2号主变压器 PCS-978 第一套保护起动—复归
52	11:30:20.000	2号主变压器 PCS-978 第二套保护起动—复归

4. 报文分析判断

从报文 1~19 项内容，"110kV 母线电压合并单元一检修投入"、其他相应保护出现 SV 采样异常等告警信号可得知，110kV 母线 TV 合并单元一检修压板被投入。11:30:15.300 系统发生故障各保护装置出现起动信号，11:30:15.315 乙一线 175 线路保护动作，175 断路器跳闸变位，约 1.5s 重合闸保护动作。最后，相应保护起动信号复归。

根据报文内容综合分析判断可得知：110kV 母线电压合并单元一检修压板误投，相应线路、主变压器及母线保护均发出采样数据异常报警等信号，之后 110kV 乙一线 175 线路发生故障，乙一线 175 断路器跳闸，重合闸未动作。综上分析：乙一线 175 线路保护由于重合闸投有检定方式，同时由于乙一线 175 间隔合并单元接收的母线合并单元被置检修，其母线同期电压无法正确采集，所以重合闸条件无法满足，故重合闸未动作。

5. 处理参考步骤

（1）阅读并分析报文、检查相关保护和设备并向调度要求转供站用电。

（2）检查发现 110kV 母线 TV 合并单元一检修压板被误投。

（3）解除 110kV 母线 TV 合并单元一装置检修压板。

（4）将乙一线 175 断路器试送一次。

6. 案例要点分析

智能变电站新增了检修机制。智能设备检修硬压板投入后，其发出的数据流将绑定 TEST 置 1 的检修品质位，设备判别采样或开入量"状态不一致"，屏蔽对应功能。智能数字化保护装置将"状态不一致"的电流、电压、开入量排除在外，不参与保护的逻辑运算，且闭锁保护相关功能。因此当 110kV 母线电压合并单元一检修压板被投入，相应间隔合并单元对于接收到母线电压合并单元数据做无效处理。

按照 Q/GDW 441—2010《智能变电站继电保护技术规范》，双重化（或双套）配置保护所采用的电子式电流互感器一、二次转换器及合并单元应双重化（或双套）配置；各间隔合并单元所需母线电压量通过母线电压合并单元转发；双母线接线，两段母线按双重化配置两台合并单元；用于检同期的母线电压由母线合并单元点对点通过间隔合并单元转接给各间隔保护装置。

　　案例处理要点：对于重合闸投入的线路，在跳闸后，重合闸未动作时可以强送一次。

第 4 章

GOOSE、SV 通信中断事故处理案例

二次信息传输方式的改变是智能变电站与常规变电站最重要的区别之一。智能变电站用二次网络传输代替常规变电站的二次回路，简化了二次接线，为智能高级应用奠定数据共享基础。IEC 61850 标准在网络传输技术上共引入三种技术：MMS、GOOSE、SV。其中，MMS 技术应用在站控层以及站控层与过程层的信息传输，GOOSE 技术应用在间隔层内以及间隔层与过程层和站控层的信息传输，SV 技术应用在过程层信息传输。GOOSE 网用来传输变电站优先等级较高的一类信息，包括跳闸命令、保护动作报文、一二次设备异常信息、一二次设备状态信息等，要求传输速度快、误码率低，否则会影响保护的正确动作和跳闸，扩大事故范围，给系统造成不可挽回的损失。GOOSE 网传输分为直联 GOOSE 传输和组网 GOOSE 传输，区别在于直跳 GOOSE 传输不经交换机转发，在两个装置间建立直联链路只传输这两个装置的交换信息，如保护装置和智能终端之间一般采用直跳 GOOSE 传输；而组网 GOOSE 传输经交换机转发信息，一般用于传输跨间隔的信息，如闭锁信息、跨间隔跳闸命令等。SV 网用来传输采集量，包括电压、电流等信息。SV 网同样分为直采 SV 和网采 SV，区别同样是是否经过交换机转发信息。目前国家电网公司的智能变电站典型设计规范要求保护装置的 SV 信息必须是直采的。

案例 1　仿真二变电站 220kV 断路器保护与智能终端 GOOSE 断链

1. 主接线运行方式

220kV 仿真二变电站 220kV、110kV 并列运行，10kV 分列运行。220kV 甲一线 271 断路器、甲二线 272 断路器运行，1、2 号主变压器运行，110kV Ⅰ 段母线接 1 号主变压器 110kV 侧 17A 断路器、乙一线 175 断路器、乙三线 177 断路器运行，110kV Ⅱ 段母线接 2 号主变压器 110kV 侧 17B 断路器、乙二线 176

断路器、乙四线 178 断路器运行。2 号主变压器 220kV 中性点 27B8、1 号主变压器 110kV 中性点 17A8、2 号主变压器 110kV 中性点 17B8 刀闸处合闸。

2. 保护配置情况

220kV 甲一线 271、甲二线 272 间隔均配置 PCS931 和 CSC103 两套线路保护、PCS921 和 CSC121 两套断路器保护、两套智能终端、两套合并单元。断路器重合闸和失灵功能在断路器保护内实现,重合闸均投入单重。断路器非全相保护功能在断路器机构箱内实现,在甲一线、甲二线合环运行时 271、272 断路器非全相保护动作延时时间是 2.5s。220kV 母联 27M 间隔配置 PCS921 和 CSC121 两套断路器保护、两套智能终端、两套合并单元。220kV 两段母线各配置两套 PCS922 短引线保护,配置两套合并单元。

3. 事故概况

(1)事故起因:220kV 甲一线 271 断路器第一套智能终端因工作需要投入检修压板,期间发生第二套智能终端接收第二套断路器保护 GOOSE 断链,220kV 甲一线线路发生瞬时单相接地故障,断路器无法重合,非全相保护动作跳闸。

(2)具体报文信息见表 4–1。

表 4–1　　　　　　　　　报 文 信 息

序号	时间	报 文 信 息
1	10:00:00.000	220kV 甲一线 271 智能终端(Ⅱ套)接收 220kV 甲一线 271 断路器 CSC121 断路器保护 GOOSE 中断动作
2	10:00:00.000	220kV 甲一线 271 智能终端(Ⅱ套)GOOSE 总告警
3	10:01:00.000	220kV 甲一线 271PCS931 电流差动保护起动
4	10:01:00.000	220kV 甲一线 271CSC103B 电流差动保护起动
5	10:01:00.000	220kV 甲二线 272PCS931 电流差动保护起动
6	10:01:00.000	220kV 甲二线 272CSC103B 电流差动保护起动
7	10:01:00.005	220kV 甲一线 271PCS931 事故总信号动作
8	10:01:00.006	220kV 甲一线 271CSC103B 事故总信号动作
9	10:01:00.010	220kV 甲一线 271PCS931 电流差动动作
10	10:01:00.011	220kV 甲一线 271CSC103B 分相差动动作
11	10:01:00.011	220kV 甲一线 271CSC103B 纵联差动保护动作
12	10:01:00.012	220kV 甲一线 271PCS931 工频变化量距离动作

序号	时　间	报　文　信　息
13	10:01:00.015	220kV 甲一线 271PCS931 距离 I 段动作
14	10:01:00.016	220kV 甲一线 271CSC103B 接地距离 I 段动作
15	10:01:00.017	220kV 甲一线 271CSC103B 跳 A 相动作
16	10:01:00.018	220kV 甲一线 271PCS931 跳 A 相动作
17	10:01:00.019	220kV 甲一线 271 智能终端（Ⅱ套）跳 A 动作
18	10:01:00.030	1 号主变压器 PCS978（Ⅰ套）高压侧复压动作
19	10:01:00.030	1 号主变压器 PCS978（Ⅱ套）高压侧复压动作
20	10:01:00.030	2 号主变压器 PCS978（Ⅰ套）高压侧复压动作
21	10:01:00.030	2 号主变压器 PCS978（Ⅱ套）高压侧复压动作
22	10:01:00.040	220kV Ⅰ 段母线电压越下限
23	10:01:00.040	220kV Ⅱ 段母线电压越下限
24	10:01:00.045	220kV 甲一线 271 断路器 A 相分位—合
25	10:01:00.045	220kV 甲一线 271 断路器 A 相合位—分
26	10:01:00.065	220kV Ⅰ 段母线电压越下限复归
27	10:01:00.065	220kV Ⅱ 段母线电压越下限复归
28	10:01:00.101	220kV 甲一线 271PCS931 电流差动—复归
29	10:01:00.102	220kV 甲一线 271CSC103B 分相差动—复归
30	10:01:00.103	220kV 甲一线 271CSC103B 纵联差动—复归
31	10:01:00.104	220kV 甲一线 271PCS931 工频变化量距离—复归
32	10:01:00.105	220kV 甲一线 271PCS931 距离 I 段—复归
33	10:01:00.105	220kV 甲一线 271CSC103B 接地距离 I 段—复归
34	10:01:00.106	220kV 甲一线 271CSC103B 跳 A 相—复归
35	10:01:00.107	220kV 甲一线 271PCS931 跳 A 相—复归
36	10:01:00.108	220kV 甲一线 271 智能终端（Ⅱ套）跳 A—复归
37	10:01:00.110	1 号主变压器 PCS978（Ⅰ套）高压侧复压动作—复归
38	10:01:00.111	1 号主变压器 PCS978（Ⅱ套）高压侧复压动作—复归
39	10:01:00.112	2 号主变压器 PCS978（Ⅰ套）高压侧复压动作—复归

续表

序号	时　间	报　文　信　息
40	10:01:00.113	2号主变压器PCS978（Ⅱ套）高压侧复压动作—复归
41	10:01:00.800	220kV甲一线271CSC121保护动作
42	10:01:00.802	220kV甲一线271CSC121重合闸动作
43	10:01:02.510	220kV甲一线271非全相保护动作
44	10:01:02.540	220kV甲一线271断路器B相分位—合
45	10:01:02.540	220kV甲一线271断路器B相合位—分
46	10:01:02.541	220kV甲一线271断路器C相分位—合
47	10:01:02.541	220kV甲一线271断路器C相合位—分
48	10:01:02.900	220kV甲一线271CSC121保护动作—复归
49	10:01:02.903	220kV甲一线271CSC121重合闸动作—复归
50	10:01:09.800	220kV甲一线271PCS931电流差动保护起动—复归
51	10:01:09.801	220kV甲一线271CSC103B电流差动保护起动—复归
52	10:01:09.802	220kV甲二线272PCS931电流差动保护起动—复归
53	10:01:09.803	220kV甲二线272CSC103B电流差动保护起动—复归

从监控机主接线图上看到仿真二变电站220kV甲一线271断路器处分位。

4. 报文分析判断

从报文第1～2项"220kV甲一线271智能终端（Ⅱ套）接收CSC121断路器保护GOOSE中断动作"、"220kV甲一线271智能终端（Ⅱ套）GOOSE总告警"可知事故发生前220kV甲一线271断路器第二套智能终端接收第二套断路器保护CSC121的GOOSE链路中断，无法接收第二套断路器保护发送的信息。一分钟后，220kV甲一线线路发生故障，甲一线、甲二线线路保护均起动，两台主变压器保护高压侧复压动作，甲一线两套主保护均动作，断路器A相跳闸，700ms后甲一线一套断路器保护发出重合闸命令，2500ms后甲一线271断路器非全相保护动作，断路器三相跳闸，所有动作保护均复归，220kV三相电压恢复正常。

通过报文分析可判断：220kV线路发生单相接地故障，线路保护正确动作跳开故障相，由于智能终端无法接收断路器保护发送的信息，断路器无法重合，非全相保护动作跳开其他两相断路器。

5. 处理参考步骤

（1）查看仿真二变电站 220kV 甲二线 272 线路负载情况，若线路重载或过载，应及时汇报调度。

（2）查看综自后台机上通信链路监视图，220kV 甲一线 271 断路器第Ⅱ套智能终端接收第Ⅱ套断路器保护的通信链路监视状态显示为断链状态。

（3）重合闸动作不成功是由于 GOOSE 链路中断造成，可建议调度对线路强送一次。若强送成功，在 220kV 甲一线 271 间隔第Ⅰ套智能终端尚未投入运行且第Ⅱ套智能终端接收第Ⅱ套断路器保护 GOOSE 链路尚未恢复前，应向调度建议 271 断路器重合闸方式改为直跳；若强送不成功，应向调度汇报："仿真二变电站单电源供电，为保证 220kV 甲二线发生单相接地故障等待重合闸期间或重合闸未动作等待非全相保护动作期间 110kV 侧线路保护误动作，建议将 220kV 甲二线 272 断路器重合闸改为直跳。"

（4）检查 220kV 甲一线 271 第Ⅱ套智能终端和第Ⅱ套断路器保护 GOOSE 接口是否异常。

6. 案例要点分析

在 220kV 内桥接线方式中，线路断路器和分段（桥）断路器一般配置断路器保护，实现断路器重合闸和失灵功能。在线路发生故障保护动作发出跳闸命令后，跳闸命令除了发送给智能终端去驱动跳闸外，还发送给断路器保护，用于起动重合闸和失灵。当断路器断开后的时间达到重合闸整定时间后，断路器保护向智能终端发送重合闸命令，驱动断路器重合。在本案例中，由于智能终端接收断路器保护的 GOOSE 链路中断，智能终端无法接收到断路器保护发送的重合闸命令，断路器无法重合，经过一定延时后由非全相保护动作跳开另外两相断路器。

当 220kV 单电源供电时，线路发生单相故障跳开单相断路器，在非全相期间 110kV 系统可能存在较大的零序分量，若零序电流达到线路保护零序Ⅲ、Ⅳ段定值可能造成零序保护误动作跳闸，因此，建议将 220kV 线路重合闸改成直跳。

案例 2　仿真二变电站 220kV 断路器保护与线路保护 GOOSE 断链

1. 主接线运行方式

220kV 仿真二变电站 220kV、110kV 并列运行，10kV 分列运行。220kV 甲

一线 271 断路器、甲二线 272 断路器运行，1、2 号主变压器运行，110kV Ⅰ 段母线接 1 号主变压器 110kV 侧 17A 断路器、乙一线 175 断路器、乙三线 177 断路器运行，110kV Ⅱ 段母线接 2 号主变压器 110kV 侧 17B 断路器、乙二线 176 断路器、乙四线 178 断路器运行。2 号主变压器 220kV 中性点 27B8、1 号主变压器 110kV 中性点 17A8、2 号主变压器 110kV 中性点 17B8 刀闸处合闸。

2. 保护配置情况

220kV 甲一线 271、甲二线 272 间隔均配置 PCS931 和 CSC103 两套线路保护、PCS921 和 CSC121 两套断路器保护、两套智能终端、两套合并单元。开关重合闸和失灵功能在断路器保护内实现，重合闸均投入单重。断路器非全相保护功能在断路器机构箱内实现，在甲一线、甲二线合环运行时 271、272 断路器非全相保护动作延时时间是 2.5s。220kV 母联 27M 间隔配置 PCS921 和 CSC121 两套断路器保护、两套智能终端、两套合并单元。220kV 两段母线各配置两套 PCS922 短引线保护，配置两套合并单元。

3. 事故概况

（1）事故起因：220kV 甲一线 271 间隔第二套线路保护检修，第一套断路器保护接收第一套线路保护 GOOSE 断链，220kV 甲一线线路发生永久性故障，断路器因机构故障未跳开，断路器失灵保护无法起动跳闸，由另一条线路对侧后备保护动作跳闸隔离故障，导致全站失电压。

（2）具体报文信息见表 4-2。

表 4-2　　　　　　　　　　报 文 信 息

序号	时　间	报 文 信 息
1	10:00:00.000	220kV 甲一线 271 断路器保护 PCS921（Ⅰ套）接收 220kV 甲一线 271PCS931 线路保护（Ⅰ套）GOOSE 中断动作
2	10:00:00.000	220kV 甲一线 271 断路器保护 PCS921（Ⅰ套）GOOSE 总告警
3	10:01:00.000	220kV 甲一线 271PCS931 电流差动保护起动
4	10:01:00.000	220kV 甲二线 272PCS931 电流差动保护起动
5	10:01:00.000	220kV 甲二线 272CSC103B 电流差动保护起动
6	10:01:00.005	220kV 甲一线 271PCS931 事故总信号动作
7	10:01:00.010	220kV 甲一线 271PCS931 电流差动动作
8	10:01:00.012	220kV 甲一线 271PCS931 工频变化量距离动作
9	10:01:00.015	220kV 甲一线 271PCS931 距离 Ⅰ 段动作

序号	时 间	报 文 信 息
10	10:01:00.018	220kV 甲一线 271PCS931 跳 A 动作
11	10:01:00.019	220kV 甲一线 271 智能终端（Ⅰ套）跳 A 动作
12	10:01:00.030	1 号主变压器 PCS978（Ⅰ套）高压侧复压动作
13	10:01:00.030	1 号主变压器 PCS978（Ⅱ套）高压侧复压动作
14	10:01:00.030	2 号主变压器 PCS978（Ⅰ套）高压侧复压动作
15	10:01:00.030	2 号主变压器 PCS978（Ⅱ套）高压侧复压动作
16	10:01:00.040	220kV Ⅰ 段母线电压越下限
17	10:01:00.041	220kV Ⅱ 段母线电压越下限
18	10:01:00.750	400V Ⅰ 段交流母线欠电压
19	10:01:00.750	400V 交流系统故障总告警
20	10:01:00.750	400V Ⅱ 段交流母线欠电压
21	10:01:00.751	1 号 UPS 交流输入异常
22	10:01:00.751	2 号 UPS 交流输入异常
23	10:01:00.753	1 号主变压器 PCS978（Ⅰ套）高压侧复压复归
24	10:01:00.753	1 号主变压器 PCS978（Ⅱ套）高压侧复压复归
25	10:01:00.753	2 号主变压器 PCS978（Ⅰ套）高压侧复压复归
26	10:01:00.753	2 号主变压器 PCS978（Ⅱ套）高压侧复压复归
27	10:01:00.804	1 号电容器 919 低电压动作
28	10:01:00.805	2 号电容器 918 低电压动作
29	10:01:00.806	5 号电容器 929 低电压动作
30	10:01:00.806	7 号电容器 949 低电压动作
31	10:01:00.825	1 号电容器 919 断路器分位—合
32	10:01:00.825	1 号电容器 919 断路器合位—分
33	10:01:00.826	2 号电容器 918 断路器分位—合
34	10:01:00.826	2 号电容器 918 断路器合位—分
35	10:01:00.828	5 号电容器 929 断路器分位—合
36	10:01:00.828	5 号电容器 929 断路器合位—分
37	10:01:00.829	7 号电容器 929 断路器分位—合
38	10:01:00.829	7 号电容器 929 断路器合位—分

续表

序号	时　间	报　文　信　息
39	10:01:00.903	220kV 甲一线 271PCS931 电流差动复归
40	10:01:00.906	220kV 甲一线 271PCS931 工频变化量距离复归
41	10:01:00.907	220kV 甲一线 271PCS931 距离 I 段复归
42	10:01:00.910	220kV 甲一线 271 智能终端（I 套）跳 A 复归
43	10:01:00.912	220kV 甲一线 271PCS931 跳 A 复归
44	10:01:00.913	220kV 甲一线 271PCS931 跳 B 复归
45	10:01:00.915	220kV 甲一线 271PCS931 跳 C 复归
46	10:01:00.915	220kV 甲一线 271 智能终端（I 套）跳 B 复归
47	10:01:00.910	220kV 甲一线 271 智能终端（I 套）跳 C 复归
48	10:01:09.800	220kV 甲一线 271PCS931 电流差动保护起动—复归
49	10:01:09.802	220kV 甲二线 272PCS931 电流差动保护起动—复归
50	10:01:09.803	220kV 甲二线 272CSC103B 电流差动保护起动—复归

从监控主机上可以看到仿真二变电站全站失电压。

4. 报文分析判断

从报文第 1、2 项"220kV 甲一线 271 断路器保护 PCS921（I 套）接收 220kV 甲一线 271PCS931 线路保护（I 套）GOOSE 中断动作"、"220kV 甲一线 271 断路器保护 PCS921（I 套）GOOSE 总告警"可知，事故发生前 220kV 甲一线 271 断路器保护第 I 套接收第一套线路保护的组网 GOOSE 链路断链。1min 后，220kV 甲一线线路发生故障，甲一线、甲二线线路保护均起动，220kV 母线故障相电压下降，220kV 两台主变压器保护高压侧复压动作，甲一线第一套线路主保护动作，但故障相未跳开，700ms 后 400V 交流母线电压下降，UPS 交流输入电源故障，运行电容器低电压保护动作跳闸。

通过报文分析可判断：220kV 线路发生单相接地故障，线路保护正确动作，但故障相开关未跳开，由于断路器保护无法接收线路保护发送的跳闸信息，开关失灵保护无法起动，220kV 甲二线线路对侧后备保护动作跳闸，仿真二变电站全站失电压。

5. 处理参考步骤

（1）手动断开 220kV 甲一线 271 断路器及两侧刀闸。

（2）依据调度指令断开 220kV 母联 27M 断路器、110kV 母联 17M 断路器和 110kV 乙一线 175 断路器、乙三线 177 断路器、乙二线 176 断路器、乙四线 178 断路器，合上 1 号主变压器 220kV 侧中性点接地刀闸，汇报调度等待来电。

（3）待 220kV 甲二线线路对侧送电后，查看 220kV Ⅱ 段母线、2 号主变压器、110kV Ⅱ 段母线、10kV Ⅱ 段母线是否正常带电，运行设备有无异常。

（4）依据调度指令合上 220kV 母联 27M 断路器，查看 220kV Ⅰ 段母线、1 号主变压器、110kV Ⅰ 段母线、10kV Ⅰ 段母线是否正常带电，运行设备有无异常，断开 1 号主变压器 220kV 侧中性点接地刀闸。

（5）依据调度指令恢复 110kV 乙一线 175 断路器、乙三线 177 断路器、乙二线 176 断路器、乙四线 178 断路器送电。

（6）在 220kV 甲二线 272 断路器及 1、2 号主变压器送电后，应重点监控 220kV 甲二线 272 线路电流，避免过载，并建议调度将 220kV 甲二线重合闸改为直跳。

（7）查看综自后台机上通信链路监视图，220kV 甲一线 271 断路器第 Ⅱ 套断路器保护接收第 Ⅱ 套线路保护的通信链路监视状态显示为断链状态。

（8）检查 220kV 甲一线 271 第 Ⅱ 套断路器保护和第 Ⅱ 套线路保护 GOOSE 接口是否异常。

6. 案例要点分析

在 220kV 内桥接线方式中，线路断路器和分段（桥）断路器一般配置断路器保护，实现开关重合闸和失灵功能。线路发生故障保护动作发出跳闸命令后，跳闸命令除了发送给智能终端去驱动跳闸外，还发送给断路器保护，用于起动重合闸和失灵。当保护动作后断路器未断开，由断路器保护起动失灵，跳开 220kV 母联断路器，同时联跳主变压器中压侧断路器。在本案例中，由于断路器保护接收线路保护的 GOOSE 链路中断，断路器保护无法接收到线路保护发送的跳闸命令，开关失灵保护不满足动作条件不起动，由另一路电源线路对侧后备保护动作隔离故障点，最终导致全站失电压。

案例 3　仿真二变电站 110kV 母差保护 SV 通信中断

1. 主接线运行方式

220kV 仿真二变电站 220kV、110kV 并列运行，10kV 分列运行。220kV 甲一线 271 断路器、甲二线 272 断路器运行，1、2 号主变压器运行，110kV Ⅰ 段母线接 1 号主变压器 110kV 侧 17A 断路器、乙一线 175 断路器、乙三线 177 断路器运行，110kV Ⅱ 段母线接 2 号主变压器 110kV 侧 17B 断路器、乙二线 176

断路器、乙四线 178 断路器运行。2 号主变压器 220kV 中性点 27B8、1 号主变压器 110kV 中性点 17A8、2 号主变压器 110kV 中性点 17B8 刀闸处合闸。

2. 保护配置情况

220kV 甲一线 271、甲二线 272 间隔均配置 PCS931 和 CSC103 两套线路保护、PCS921 和 CSC121 两套断路器保护、两套智能终端、两套合并单元。断路器重合闸和失灵功能在断路器保护内实现，重合闸均投入单重。断路器非全相保护功能在断路器机构箱内实现，在甲一线、甲二线合环运行时 271、272 断路器非全相保护动作延时时间是 2.5s。220kV 母联 27M 间隔配置 PCS921 和 CSC121 两套开关保护、两套智能终端、两套合并单元。220kV 两段母线各配置两套 PCS922 短引线保护，配置两套合并单元。

1、2 号主变压器各配置两套 PCS978 电量保护；110kV 母线配置一套 SGB750 母差保护；110kV 线路间隔均配置一套合并单元智能终端一体装置、一套 PCS941 保护测控一体装置。

3. 事故概况

（1）事故起因：110kV 母差保护与 110kV 乙一线 175 合并单元 SV 通信链路中断，母差保护采样异常被闭锁。110kV 乙一线 1751 气室内部故障，110kV 母差保护未动作，1、2 号主变压器 110kV 侧后备保护动作隔离故障点。

（2）具体报文信息见表 4-3。

表 4-3　　　　　　　　　　报　文　信　息

序号	时　间	报　文　信　息
1	10:00:00.000	110kV 母线保护 SGB750 接收 110kV 乙一线 175 数据无效动作
2	10:00:00.000	110kV 母线保护 SGB750 告警动作
3	10:01:00.001	1 号主变压器 PCS978（Ⅰ套）保护起动
4	10:01:00.001	2 号主变压器 PCS978（Ⅰ套）保护起动
5	10:01:00.002	1 号主变压器 PCS978（Ⅱ套）保护起动
6	10:01:00.002	2 号主变压器 PCS978（Ⅱ套）保护起动
7	10:01:00.003	220kV 甲一线 271PCS931 电流差动保护起动
8	10:01:00.003	220kV 甲一线 271CSC103B 电流差动保护起动
9	10:01:00.004	220kV 甲二线 272PCS931 电流差动保护起动
10	10:01:00.004	220kV 甲二线 272CSC103B 电流差动保护起动
11	10:01:00.005	220kV 母联 27M 断路器 PCS921 断路器保护起动

序号	时 间	报 文 信 息
12	10:01:00.005	220kV 母联 27M 断路器 CSC121 断路器保护起动
13	10:01:00.005	220kV 母联 17M 断路器 PCS923G 保护起动
14	10:01:00.008	1 号主变压器 PCS978（Ⅰ套）中压侧复压动作
15	10:01:00.008	1 号主变压器 PCS978（Ⅱ套）中压侧复压动作
16	10:01:00.009	2 号主变压器 PCS978（Ⅰ套）中压侧复压动作
17	10:01:00.009	2 号主变压器 PCS978（Ⅱ套）中压侧复压动作
18	10:01:00.040	110kVⅠ段母线电压越下限
19	10:01:00.040	110kVⅡ段母线电压越下限
20	10:01:00.041	220kVⅠ段母线电压越下限
21	10:01:00.041	220kVⅡ段母线电压越下限
22	10:01:01.700	1 号主变压器 PCS978（Ⅰ套）事故总信号动作
23	10:01:01.700	1 号主变压器 PCS978（Ⅱ套）事故总信号动作
24	10:01:01.700	2 号主变压器 PCS978（Ⅰ套）事故总信号动作
25	10:01:01.700	2 号主变压器 PCS978（Ⅱ套）事故总信号动作
26	10:01:01.702	1 号主变压器 PCS978（Ⅰ套）中压侧零序方向Ⅰ段 1 时限动作
27	10:01:01.702	1 号主变压器 PCS978（Ⅱ套）中压侧零序方向Ⅰ段 1 时限动作
28	10:01:01.703	2 号主变压器 PCS978（Ⅰ套）中压侧零序方向Ⅰ段 1 时限动作
29	10:01:01.703	2 号主变压器 PCS978（Ⅱ套）中压侧零序方向Ⅰ段 1 时限动作
30	10:01:01.705	1 号主变压器 PCS978（Ⅰ套）GOOSE_跳中压侧母联 17M 断路器动作
31	10:01:01.705	1 号主变压器 PCS978（Ⅱ套）GOOSE_跳中压侧母联 17M 断路器动作
32	10:01:01.706	2 号主变压器 PCS978（Ⅰ套）GOOSE_跳中压侧母联 17M 断路器动作
33	10:01:01.706	2 号主变压器 PCS978（Ⅱ套）GOOSE_跳中压侧母联 17M 断路器动作
34	10:01:01.750	110kV 母联 17M 断路器合位—分
35	10:01:01.750	110kV 母联 17M 断路器分位—合
36	10:01:01.850	110kVⅡ段母线电压越下限复归
37	10:01:01.860	2 号主变压器 PCS978（Ⅰ套）中压侧复压动作复归
38	10:01:01.860	2 号主变压器 PCS978（Ⅱ套）中压侧复压动作复归

续表

序号	时　间	报　文　信　息
39	10:01:01.861	2 号主变压器 PCS978（Ⅰ套）中压侧零序方向Ⅰ段 1 时限动作复归
40	10:01:01.862	2 号主变压器 PCS978（Ⅱ套）中压侧零序方向Ⅰ段 1 时限动作复归
41	10:01:01.865	2 号主变压器 PCS978（Ⅰ套）GOOSE_跳中压侧母联 17M 断路器复归
42	10:01:01.866	2 号主变压器 PCS978（Ⅱ套）GOOSE_跳中压侧母联 17M 断路器复归
43	10:01:02.300	1 号主变压器 PCS978（Ⅰ套）中压侧零序方向Ⅰ段 2 时限动作
44	10:01:02.300	1 号主变压器 PCS978（Ⅱ套）中压侧零序方向Ⅰ段 2 时限动作
45	10:01:02.302	1 号主变压器 PCS978（Ⅰ套）GOOSE_跳中压侧 17A 断路器动作
46	10:01:02.303	1 号主变压器 PCS978（Ⅱ套）GOOSE_跳中压侧 17A 断路器动作
47	10:01:02.350	1 号主变压器 110kV 侧 17A 断路器合位—分
48	10:01:02.350	1 号主变压器 110kV 侧 17A 断路器分位—合
49	10:01:02.449	1 号主变压器 PCS978（Ⅰ套）GOOSE_跳中压侧母联 17M 断路器—复归
50	10:01:01.450	1 号主变压器 PCS978（Ⅱ套）GOOSE_跳中压侧母联 17M 断路器—复归
51	10:01:02.451	1 号主变压器 PCS978（Ⅰ套）中压侧零方Ⅰ段 1 时限动作—复归
52	10:01:02.452	1 号主变压器 PCS978（Ⅱ套）中压侧零方Ⅰ段 1 时限动作—复归
53	10:01:02.453	1 号主变压器 PCS978（Ⅰ套）中压侧零方Ⅰ段 2 时限动作—复归
54	10:01:02.454	1 号主变压器 PCS978（Ⅱ套）中压侧零方Ⅰ段 2 时限动作—复归
55	10:01:02.455	1 号主变压器 PCS978（Ⅰ套）GOOSE_跳中压侧 17A 断路器动作—复归
56	10:01:02.456	1 号主变压器 PCS978（Ⅱ套）GOOSE_跳中压侧 17A 断路器动作—复归

从监控主机上看到，仿真二变电站 110kV 母联 17M 断路器、1 号主变压器 110kV 侧 17A 断路器在分位，110kVⅠ段母线失电压。

4. 报文分析判断

从第 1、2 项报文，"110kV 母线保护 SGB750 接收 110kV 乙一线 175 数据无效动作""110kV 母线保护 SGB750 告警动作"可知，事故发生前 110kV 母差保护由于 110kV 园五线 175 采样数据异常造成母差保护功能被闭锁。1min 后，110kV 母线电压下降，1、2 号主变压器保护起动，主变压器 110kV 侧复压元件动作。1700ms 后 1、2 号主变压器 110kV 侧零序方向过电流Ⅰ段 1 时限保护动作跳开 110kV 母联 17M 断路器。2300ms 后，1 号主变压器 110kV 侧零序方向过电流 I 段 2 时限保护动作跳开 17A 断路器，之后所有动作保护均复归，110kV I 段母线无压。

通过报文分析可判断：由于母差保护采样数据异常被闭锁，1、2 号主变压器中压侧后备保护动作跳开 110kV 母联断路器，1 号主变压器中压侧后备保护动作跳开 1 号主变压器中压侧 17A 断路器，110kV I 段母线失电压。由于 110kV 线路保护未报异常信号，且线路保护未动作，110kV I 段母线故障的可能性最高。

5. 处理参考步骤

（1）查看 110kV 母差保护装置，可以看到装置上"采样异常"信号灯亮，立即将 110kV 母差保护中"110kV 乙一线 175 间隔 SV 投入"软压板退出，查看 110kV 母差保护采样异常信号复归。

（2）检查 110kV I 段母线所接 110kV 乙一线 175、乙三线 177、1 号主变压器 110kV 侧 17A 间隔一、二次设备，三个间隔二次设备均正常。177、17A 断路器间隔一次设备检查正常。检查 175 断路器间隔一次设备，触摸 1751 刀闸气室外壳温度升高，用红外热成像对 1751 刀闸气室进行测温可以看到气室内温度较环境温度升高较多，将 175 间隔转冷备用并汇报调度。

（3）向调度申请将 110kV I 段母线及 175 断路器转检修处理故障。

（4）乙三线 177、1 号主变压器 110kV 侧 17A 断路器是否转移至另一段母线运行，应确保这两个间隔靠母线侧一次设备无异常故障后根据调度指令执行。

6. 案例要点分析

智能变电站中，合并单元负责采集电流、电压数据，经数据处理、数据同步后通过 SV 光纤通道发送给保护、测控装置。当合并单元故障、光纤通道发生故障时，保护装置会发出"数据无效"信号，并闭锁相应的保护功能。本案例中，110kV 乙一线合并单元发送给 110kV 母差保护的采样数据出现异常，导致母差保护功能被闭锁，在 110kV I 段母线发生故障时母差保护未动作，由主变压器中压侧后备保护动作隔离故障点。在事故处理时，应首先恢复 110kV 母差保护的正常运行，确保 110kV II 段母线有快速保护，因此要将母差保护中"乙一线 175 间隔 SV 投入"软压板退出，母差保护不再需要采集乙一线 175 间隔的电流，母差保护恢复正常运行。

对于 1 号主变压器 110kV 侧 17A 断路器和乙三线 177 断路器，由于 GIS 设备无法观察到内部情况，不能保证近区短路对这些设备无影响，因此不宜直接将 17A 断路器和 177 断路器直接冷倒至 Ⅱ 段母线运行，应将 1 刀闸断开充电正常后冷倒至 Ⅱ 段母线运行。如，177 断路器有外来电源，用外来电源对 177 间隔充电正常后再冷倒至 Ⅱ 段母线。

案例 4　仿真－变电站 220kV 线路保护与智能终端 GOOSE 断链

1. 主接线运行方式

220kV 仿真一变电站 220kV、110kV 并列运行，10kV 分列运行。220kV Ⅰ 段母线接甲一线 261 开关、1 号主变压器 220kV 侧 26A 断路器运行，220kV Ⅱ 段母线接甲二线 264 断路器、2 号主变压器 220kV 侧 26B 断路器运行，2 号主变压器 220kV 侧中性点 26B8 刀闸处合闸。110kV Ⅰ 段母线接乙一线 161 断路器、1 号主变压器 110kV 侧 16A 断路器，110kV Ⅱ 段母线接乙二线 164 断路器、2 号主变压器 110kV 侧 16B 断路器，1 号主变压器 110kV 侧中性点 16A8、2 号主变压器 110kV 侧中性点 16B8 刀闸处合闸。220kV、110kV 间隔各配置一个电子式电压电流互感器（EVCT），装设在断路器和线路侧（或主变压器侧）隔离刀闸之间，220kV 两段母线分别配置一个电子式电压互感器（EVT）。

2. 保护配置情况

220kV 甲一线 261、甲二线 264 间隔均配置 PCS902 和 PSL603 两套线路保护、两套智能终端、两套合并单元。开关重合闸功能在线路保护内实现，重合闸方式投单重，失灵功能在母差保护内实现。开关非全相保护功能在开关机构箱内实现，线路间隔非全相保护动作时间为 2.5s。220kV 母联 26M 间隔配置两套智能终端、合并单元、母联保护。220kV 母差保护配置两套 PCS915 母差保护、两套合并单元。

1、2 号主变压器均配置两套 PST1200 电量保护，主变压器各侧开关各配置两套智能操作箱、合并单元。

110kV 母线配置一套 SGB750 母差保护，110kV 线路间隔分别配置一套合并单元、一套智能终端、一套 PCS941 保护测控一体装置。110kV 母联 16M 断路器配置一套合并单元、一套智能终端、一套母联保护。

3. 事故概况

（1）事故起因：220kV 一套线路保护退出运行，另一套线路保护与智能终端直跳 GOOSE 断链，220kV 线路发生 A 相接地故障，线路保护动作，断路器未跳开，220kV 失灵保护动作跳闸。

（2）具体报文信息见表 4-4。

表 4-4   报 文 信 息

序号	时　间	报 文 信 息
1	10:00:00.000	220kV 甲二线 264 智能终端（Ⅱ套）接收 PSL603 线路保护（Ⅱ套）GOOSE 中断动作
2	10:00:00.000	220kV 甲二线 264 智能终端（Ⅱ套）GOOSE 总告警
3	10:01:00.000	220kV 甲二线 264PSL603 电流差动保护起动
4	10:01:00.000	220kV 甲一线 261PCS902 保护起动
5	10:01:00.000	220kV 甲一线 261PSL603 电流差动保护起动
6	10:01:00.005	220kV 甲二线 264PSL603 事故总信号动作
7	10:01:00.010	220kV 甲二线 264PSL603 电流差动动作
8	10:01:00.011	220kV 甲一线 261PCS902GC 收信 A 动作
9	10:01:00.012	220kV 甲二线 264PSL603 快速距离动作动作
10	10:01:00.015	220kV 甲二线 264PSL603 接地距离Ⅰ段动作
11	10:01:00.016	220kV 甲二线 264PSL603 保护跳 A 动作
12	10:01:00.022	220kV PCS915 母差保护Ⅰ母电压闭锁开放动作
13	10:01:00.023	220kV PCS915 母差保护Ⅱ母电压闭锁开放动作
14	10:01:00.025	1 号主变压器 PST1200（Ⅰ套）高压侧复压动作
15	10:01:00.026	1 号主变压器 PST1200（Ⅱ套）高压侧复压动作
16	10:01:00.026	2 号主变压器 PST1200（Ⅰ套）高压侧复压动作
17	10:01:00.027	2 号主变压器 PST1200（Ⅱ套）高压侧复压动作
18	10:01:00.035	220kV Ⅰ段母线电压越下限
19	10:01:00.036	220kV Ⅱ段母线电压越下限
20	10:01:00.316	220kV PCS915 母差保护（Ⅱ套）Ⅱ母失灵动作
21	10:01:00.345	220kV 甲二线 264 断路器合位一分
22	10:01:00.346	220kV 甲二线 264 断路器分位一合
23	10:01:00.351	220kV 甲二线 264PSL603 事故总信号复归
24	10:01:00.352	220kV 甲二线 264PSL603 电流差动复归
25	10:01:00.352	220kV 甲一线 261PCS902GC 收信 A 复归
26	10:01:00.354	220kV 甲二线 264PSL603 快速距离复归复归

续表

序号	时 间	报 文 信 息
27	10:01:00.355	220kV 甲二线 264PSL603 接地距离 I 段复归
28	10:01:00.356	220kV 甲二线 264PSL603 保护跳 A 复归
29	10:01:00.356	220kV 甲二线 264 智能终端（II套）跳 A 复归
30	10:01:00.358	220kV PCS915 母差保护 I 母电压闭锁开放复归
31	10:01:00.359	220kV PCS915 母差保护 II 母电压闭锁开放复归
32	10:01:00.360	1 号主变压器 PST1200（I套）高压侧复压复归
33	10:01:00.361	1 号主变压器 PST1200（II套）高压侧复压复归
34	10:01:00.362	2 号主变压器 PST1200（I套）高压侧复压复归
35	10:01:00.363	2 号主变压器 PST1200（II套）高压侧复压复归
36	10:01:00.364	220kV PCS915 母差保护（I套）II 母失灵复归
37	10:01:00.365	220kV PCS915 母差保护（II套）II 母失灵复归
38	10:01:00.368	220kV I 段母线电压越下限复归
39	10:01:00.368	220kV II 段母线电压越下限复归
40	10:01:09.800	220kV 甲二线 264PSL603 电流差动保护起动一复归
41	10:01:09.801	220kV 甲一线 261PCS902 保护起动一复归
42	10:01:09.802	220kV 甲一线 261PSL603 电流差动保护起动一复归

从监控主机上看，仿真一变电站 220kV 甲二线 264 断路器在分位。

4. 报文分析判断

从第 1、2 项报文"220kV 甲二线 264 智能终端（II套）接收 PSL603 线路保护（II套）GOOSE 中断动作"、"220kV 甲二线 264 智能终端（II套）GOOSE 总告警"可知，事故发生前 220kV 甲二线 264 第 II 套智能终端接收第 II 套 PSL603 线路保护 GOOSE 中断，智能终端无法接收线路保护的跳闸信息。1min 后，220kV 甲二线线路发生 A 相接地故障，运行中的 PSL603 线路保护动作，发出 A 相跳闸命令。0.3s 后，220kV 母差保护 II 母失灵动作跳开 264 断路器。

通过报文分析可判断：220kV 甲二线线路发生 A 相接地故障，由于第 I 套线路保护 PCS902 退出运行，而第 II 套智能终端无法接收到第 II 套线路保护 PSL603 发送的跳闸命令，断路器无法跳开，起动第 II 套失灵保护，先跳 264

断路器，264 断路器三相均跳开后，所有保护返回。

5. 处理参考步骤

（1）查看 220kV 甲一线是否过载，若有过载应及时向调度汇报。

（2）在 220kV 甲二线第一套线路保护工作尚未结束且第Ⅱ套智能终端与第Ⅱ套线路保护 GOOSE 中断缺陷尚未消除前，仿真一变电站单电源供电，应重点监视 220kV 甲一线负荷，并建议调度将 220kV 甲一线重合闸改成直跳，开展甲一线间隔及线路特巡。

（3）查看综自后台机上通信链路监视图，220kV 甲二线 264 第Ⅱ套智能终端接收第Ⅱ套线路保护的通信链路监视状态显示为断链状态。

（4）查看 220kV 甲二线 264 第Ⅱ套智能终端和第Ⅱ套线路保护直跳 GOOSE 接口是否异常。

6. 案例要点分析

智能变电站中，二次回路被网络和虚端子取代，跳闸命令通过 GOOSE 直联通道传递，因此 GOOSE 通道十分重要。智能操作箱接收线路保护的 GOOSE 通道发生中断，线路保护发送给智能操作箱的跳闸命令无法传递，相当于常规变电站的断路器拒动，引发的后果就是起动开关失灵。本案例中，虽然 220kV 线路双重化配置，但由于其中第一套线路保护因工作置检修，此时另外一套保护是否正常运行至关重要。当发生如本案例中所写的智能操作箱接收线路保护的 GOOSE 中断，此时若线路发生故障就会导致断路器无法跳闸，起动断路器失灵保护，扩大事故范围。

案例 5　仿真一变电站 110kV 母线合并单元与间隔合并单元通信中断

1. 主接线运行方式

220kV 仿真一变电站 220kV、110kV 并列运行，10kV 分列运行。220kV Ⅰ段母线接甲一线 261 断路器、1 号主变压器 220kV 侧 26A 断路器运行，220kV Ⅱ段母线接甲二线 264 断路器、2 号主变压器 220kV 侧 26B 断路器运行，2 号主变压器 220kV 侧中性点 26B8 刀闸处合闸。110kV Ⅰ段母线接乙一线 161 断路器、1 号主变压器 110kV 侧 16A 断路器，110kV Ⅱ段母线接乙二线 164 断路器、2 号主变压器 110kV 侧 16B 断路器，1 号主变压器 110kV 侧中性点 16A8、2 号主变压器 110kV 侧中性点 16B8 刀闸处合闸。220、110kV 间隔各配置一个电子式电压电流互感器（EVCT），装设在开关和线路侧（或主变侧）隔离刀闸之间，220kV 两段母线分别配置一个电子式电压互感器（EVT）。

2. 保护配置情况

220kV 甲一线 261、甲二线 264 间隔均配置 PCS902 和 PSL603 两套线路保护、两套智能终端、两套合并单元。断路器重合闸功能在线路保护内实现，重合闸方式投单重，失灵功能在母差保护内实现。断路器非全相保护功能在断路器机构箱内实现，线路间隔非全相保护动作时间为 2.5s。220kV 母联 26M 间隔配置两套智能终端、合并单元、母联保护。220kV 母差保护配置两套 PCS915 母差保护、两套合并单元。

1、2 号主变压器均配置两套 PST1200 电量保护，主变压器各侧断路器各配置两套智能操作箱、合并单元。

110kV 母线配置一套 SGB750 母差保护，110kV 线路间隔分别配置一套合并单元、一套智能终端、一套 PCS941 保护测控一体装置。110kV 母联 16M 断路器配置一套合并单元、一套智能终端、一套母联保护。110kV 线路保护重合闸投检母线有压、线路无压，重合闸方式投三重。线路保护用电压取自本间隔 EVCT（由本间隔合并单元发送给线路保护），母线电压由母线合并单元级联至间隔合并单元后发送给线路保护）。

3. 事故概况

（1）事故起因：110kV 线路故障，保护动作跳闸，由于线路保护无法接收母线电压，重合闸不起动。

（2）具体报文信息见表 4–5。

表 4–5　　　　　　　　　　　报　文　信　息

序号	时　间	报　文　信　息
1	10:00:00.000	110kV 乙一线 161 合并单元接收母线合并单元（Ⅰ）采样通信中断动作
2	10:00:00.000	110kV 乙一线 161 合并单元告警
3	10:01:00.000	110kV 乙一线 161CSC161AE 保护起动
4	10:01:00.001	110kV 乙一线 161CSC161AE 事故总信号动作
5	10:01:00.002	110kV 乙一线 161CSC161AE 保护动作
6	10:01:00.003	110kV 乙一线 161CSC161AE 接地距离Ⅰ段动作
7	10:01:00.004	110kV 乙一线 161CSC161AE 零序Ⅰ段动作
8	10:01:00.010	110kV PCS915B 母差保护Ⅰ母电压闭锁开放动作
9	10:01:00.010	110kV PCS915B 母差保护Ⅱ母电压闭锁开放动作

续表

序号	时　间	报　文　信　息
10	10:01:00.012	1 号主变压器 PST1200U 中压侧复压动作
11	10:01:00.013	2 号主变压器 PST1200U 中压侧复压动作
12	10:01:00.020	110kV I 段母线电压越下限
13	10:01:00.021	110kV II 段母线电压越下限
14	10:01:00.028	110kV 乙一线 161 断路器合位一分
15	10:01:00.029	110kV 乙一线 161 断路器分位一合
16	10:01:00.040	110kV PCS915B 母差保护 I 母电压闭锁开放一复归
17	10:01:00.040	110kV PCS915B 母差保护 II 母电压闭锁开放一复归
18	10:01:00.041	1 号主变压器 PST1200U 中压侧复压动作一复归
19	10:01:00.042	2 号主变压器 PST1200U 中压侧复压动作一复归
20	10:01:00.043	110kV 乙一线 161CSC161AE 保护复归
21	10:01:00.044	110kV 乙一线 161CSC161AE 接地距离 I 段复归
22	10:01:00.045	110kV 乙一线 161CSC161AE 零序 I 段复归
23	10:01:00.073	110kV I 段母线电压越下限复归
24	10:01:00.074	110kV II 段母线电压越下限复归
25	10:08:00.075	110kV 乙一线 161CSC161AE 保护起动一复归

从监控主机上看，110kV 乙一线 161 断路器在分位。

4. 报文分析判断

从第 1、2 项报文，"110kV 乙一线 161 合并单元接收母线合并单元（I）采样通信中断动作"、"110kV 乙一线 161 合并单元告警"可知，110kV 乙一线 161 合并单元无法接收母线保护电压。1min 后，110kV 乙一线线路发生故障，161 断路器跳闸，所有保护均复归。

从报文分析判断：110kV 乙一线 161 线路故障，断路器跳闸，重合闸未动作。

5. 处理参考步骤

（1）依据调度相关规定，对于投入重合闸的线路在重合闸未动作的情况下，可以进行试送电一次。

（2）依据调度指令对 110kV 乙一线 161 强送一次。

6. 案例要点分析

仿真一变电站 220kV 和 110kV 系统装设的是 EVCT，安装在断路器和线路侧刀闸之间，线路保护所用的电流和电压量均来自 EVCT，线路保护采集的母线电压用来作为判定重合闸动作的条件以及测控装置的检同期判定条件。母线合并单元将母线电压送给间隔合并单元，由间隔合并单元同步后送给线路保护。本案例中，在事故发生前，间隔合并单元接收母线合并单元 SV 通信中断，间隔合并单元接收到的母线电压数据失真，但间隔合并单元不做任何处理将数据传给线路保护，线路保护判定母线电压数据无效，做线路 TV 断线处理。当线路发生故障断路器跳开后，由于线路保护采集到的母线电压无效，无法判定母线电压，不满足重合闸检无压条件，断路器无法重合。

案例 6　仿真一变电站 220kV 线路保护组网 GOOSE 中断

1. 主接线运行方式

220kV 仿真一变电站 220、110kV 并列运行，10kV 分列运行。220kV Ⅰ 段母线接甲一线 261 断路器、1 号主变压器 220kV 侧 26A 断路器运行，220kV Ⅱ 段母线接甲二线 264 断路器、2 号主变压器 220kV 侧 26B 断路器运行，2 号主变压器 220kV 侧中性点 26B8 刀闸处合闸。110kV Ⅰ 段母线接乙一线 161 断路器、1 号主变压器 110kV 侧 16A 断路器，110kV Ⅱ 段母线接乙二线 164 断路器、2 号主变压器 110kV 侧 16B 断路器，1 号主变压器 110kV 侧中性点 16A8、2 号主变压器 110kV 侧中性点 16B8 刀闸处合闸。220kV、110kV 间隔各配置一个电子式电压电流互感器（EVCT），装设在断路器和线路侧（或主变压器侧）隔离刀闸之间，220kV 两段母线分别配置一个电子式电压互感器（EVT）。

2. 保护配置情况

220kV 甲一线 261、甲二线 264 间隔均配置 PCS902 和 PSL603 两套线路保护、两套智能终端、两套合并单元。断路器重合闸功能在线路保护内实现，重合闸方式投单重，失灵功能在母差保护内实现。断路器非全相保护功能在断路器机构箱内实现，线路间隔非全相保护动作时间为 2.5s。220kV 母联 26M 间隔配置两套智能终端、合并单元、母联保护。220kV 母差保护配置两套 PCS915 母差保护、两套合并单元。

1、2 号主变压器均配置两套 PST1200 电量保护，主变压器各侧断路器各配置两套智能操作箱、合并单元。

110kV 母线配置一套 SGB750 母差保护，110kV 线路间隔分别配置一套合并单元、一套智能终端、一套 PCS941 保护测控一体装置。110kV 母联 16M 断路器配置一套合并单元、一套智能终端、一套母联保护。

某日，220kV 甲一线线路第 I 套保护 PCS902 因工作退出运行（置检修）。

3. 事故概况

（1）事故起因：220kV 母差保护接收线路保护组网 GOOSE 通信中断，线路故障，线路保护动作，断路器因机构故障未跳开，失灵保护未动作，线路对侧后备保护动作跳闸，全站失电压。

（2）具体报文信息见表 4-6。

表 4-6　　　　　　　　　　报　文　信　息

序号	时　间	报　文　信　息
1	10:00:00.000	220kV 母差保护（II 套）接收 220kV 甲一线 261 PSL603U 组网 GOOSE 通信中断动作
2	10:00:00.000	220kV PCS915 母差保护（II 套）装置告警
3	10:01:00.000	220kV 甲一线 261PSL603U 保护起动
4	10:01:00.000	220kV 甲二线 262PSL603U 保护起动
5	10:01:00.000	220kV 甲二线 262PCS902 保护起动
6	10:01:00.002	220kV 甲一线 261PSL603U 事故总信号动作
7	10:01:00.007	220kV 甲一线 261PSL603U 纵差保护动作
8	10:01:00.010	220kV 甲一线 261PSL603U 快速距离动作
9	10:01:00.011	220kV 甲一线 261PSL603U 接地距离 I 段动作
10	10:01:00.012	220kV 甲一线 261PSL603U 保护跳 A 动作
11	10:01:00.013	220kV 甲一线 261 智能终端（II 套）跳 A 动作
12	10:01:00.020	220kV PCS915 母差保护（I 套）电压闭锁开放动作
13	10:01:00.021	220kV PCS915 母差保护（II 套）电压闭锁开放动作
14	10:01:00.022	1 号主变压器 PST1200U（I 套）高压侧复压动作
15	10:01:00.023	1 号主变压器 PST1200U（II 套）高压侧复压动作
16	10:01:00.024	2 号主变压器 PST1200U（I 套）高压侧复压动作
17	10:01:00.025	2 号主变压器 PST1200U（II 套）高压侧复压动作
18	10:01:00.030	220kV I 段母线电压越下限
19	10:01:00.031	220kV II 段母线电压越下限
20	10:01:00.550	400V I 段交流母线欠电压

续表

序号	时　间	报　文　信　息
21	10:01:00.551	400V 交流系统故障总告警
22	10:01:00.552	400V Ⅱ 段交流母线欠电压
23	10:01:00.553	1 号 UPS 交流输入异常
24	10:01:00.553	2 号 UPS 交流输入异常
25	10:01:00.554	1 号电容器 919 低电压动作
26	10:01:00.555	2 号电容器 918 低电压动作
27	10:01:00.556	5 号电容器 929 低电压动作
28	10:01:00.556	7 号电容器 949 低电压动作
29	10:01:00.575	1 号电容器 919 断路器分位—合
30	10:01:00.575	1 号电容器 919 断路器合位—分
31	10:01:00.576	2 号电容器 918 断路器分位—合
32	10:01:00.576	2 号电容器 918 断路器合位—分
33	10:01:00.578	5 号电容器 929 断路器分位—合
34	10:01:00.578	5 号电容器 929 断路器合位—分
35	10:01:00.579	7 号电容器 929 断路器分位—合
36	10:01:00.579	7 号电容器 929 断路器合位—分
37	10:01:00.580	220kV 甲一线 261PSL603U 纵差保护动作—复归
38	10:01:00.581	220kV 甲一线 261PSL603U 快速距离动作—复归
39	10:01:00.582	220kV 甲一线 261PSL603U 接地距离 Ⅰ 段动作—复归
40	10:01:00.583	220kV 甲一线 261PSL603U 保护跳 A 动作—复归
41	10:01:00.584	220kV 甲一线 261 智能终端（Ⅱ套）跳 A 动作—复归
42	10:01:00.585	220kV PCS915 母差保护（Ⅰ套）电压闭锁开放动作—复归
43	10:01:00.586	220kV PCS915 母差保护（Ⅱ套）电压闭锁开放动作—复归
44	10:01:00.587	1 号主变压器 PST1200U（Ⅰ套）高压侧复压动作—复归
45	10:01:00.588	1 号主变压器 PST1200U（Ⅱ套）高压侧复压动作—复归
46	10:01:00.589	2 号主变压器 PST1200U（Ⅰ套）高压侧复压动作—复归
47	10:01:00.590	2 号主变压器 PST1200U（Ⅱ套）高压侧复压动作—复归
48	10:01:09.009	220kV 甲二线 262PSL603U 保护起动—复归

序号	时　间	报　文　信　息
49	10:01:09.010	220kV 甲二线 262PCS902 保护起动—复归
50	10:01:09.011	220kV 甲一线 261PSL603U 保护起动—复归
51	10:01:09.012	220kV 甲一线 261PSL603U 保护整组—复归

从监控机上可以看到，仿真一变电站全站失电压。

4. 报文分析判断

从报文第 1、2 项，"220kV 母差保护（Ⅱ套）接收 220kV 甲一线 261 PSL603U 组网 GOOSE 通信中断动作"、"220kV PCS915 母差保护（Ⅱ套）装置告警"可知，甲一线 261 线路通过组网向母差保护发送信息的链路发生中断。1min 后，220kV 甲一线 261PSL603U 差动保护动作，发出 A 相跳闸命令，220kV 母差保护、主变压器高压侧复压元件动作，220kV 两段母线电压越下限，500ms 后，400V 交流母线欠电压，UPS 输入异常，1、2、5、7 号电容器欠电压动作跳闸，所有动作的保护复归。

从报文分析判断：220kV 线路 A 相故障，线路保护动作，断路器未跳开，220kV 断路器失灵保护未动作，最终全站失电压。

5. 处理参考步骤

（1）立即手动断开甲一线 261 断路器，若无法断开，则立即拉开两侧刀闸。

（2）依据调度指令断开 1 号主变压器三侧断路器、2 号主变压器高压侧断路器和 110kV 乙一线 161 断路器、乙二线 164 断路器，等待调度从甲二线对侧送电。

（3）待 220kV 送电正常后，依调度指令合上 2 号主变压器 110kV 侧断路器，查看 110kV 母线电压正常。

（4）依据调度指令恢复 1 号主变压器送电。

（5）依据调度指令恢复 110kV 乙一线 161 断路器、乙二线 164 断路器。

（6）在 220kV 甲一线 261 缺陷和工作未结束前，仿真一变电站 220kV 单电源供电，应重点加强对甲二线负荷监视，并开展一次甲二线间隔和线路特巡，同时建议调度将甲二线重合闸方式改为直跳。

（7）查看综自后台机上通信链路监视图，220kV 第Ⅱ套母差保护接收 220kV 甲一线 261 线路第Ⅱ套保护的通信链路监视状态显示为断链状态。

（8）查看 220kV 第Ⅱ套母差保护和 220kV 甲一线 261 线路第Ⅱ套保护 GOOSE 接口是否异常。

6. 案例要点分析

在智能变电站中，间隔层跨间隔的信息传输通过组网 GOOSE 传输，如失灵、远跳以及闭锁信息（如主变压器低压侧后备保护动作闭锁备自投）。本案例中，事故发生前，母差保护接收线路保护的组网 GOOSE 通信中断，相当于常规站的起动失灵二次回路发生故障，断路器失灵保护功能被退出。当线路发生故障，断路器发生拒动，由于母差保护未接收到线路保护发送的保护动作信号，起动失灵条件不满足，失灵保护不会动作，故障点无法及时隔离。220kV 其他线路对侧的后备保护经过一定延时后仍然有故障电流流过并达到后备保护动作定值后出口跳闸，造成仿真一变电站全站失电压。

案例 7　仿真三变电站主变压器本体智能终端与 110kV 备自投 GOOSE 通信中断

1. 主接线运行方式

110kV 仿真三变电站 110kV、10kV 分列运行。1 号主变压器接 110kV 乙一线 191 线路运行，3 号主变压器接 110kV 乙二线 193 线路运行，110kV Ⅰ/Ⅱ 母分 19M 断路器热备用，110kV Ⅱ/Ⅲ 母分 19K 断路器运行，1 号主变压器 10kV 侧 99A、99D 断路器运行，3 号主变压器 10kV 侧 99C、99F 断路器运行，10kV Ⅰ/Ⅵ 段母分 99W 断路器热备用，10kV Ⅱ/Ⅴ 段母分 99M 断路器热备用，1 号主变压器 110kV 侧中性点 19A8、3 号主变压器 110kV 侧中性点 19C8 均处分闸。

2. 保护配置情况

110kV 乙一线 191、乙二线 193 间隔各配置两套合并单元和智能终端一体装置，110kV Ⅰ/Ⅱ 母分 19M 断路器、110kV Ⅱ/Ⅲ 母分 19K 断路器各配置两套合并单元和智能终端一体装置。

1、3 号主变压器各配置两套电量保护，主变压器高压侧配置一套智能终端，主变压器本体配置一套智能终端，主变压器低压侧各配置两套合并单元和智能终端一体装置。

110kV 配置备自投一套。10kV Ⅰ/Ⅵ 段母分 99W 断路器配置备自投一套，10kV Ⅱ/Ⅴ 段母分 99M 断路器配置备自投一套。所有备自投保护采样均来自第Ⅰ套合并单元和智能终端一体装置，跳合闸出口均通过第Ⅰ套合并单元和智能终端一体装置实现。

3. 事故概况

（1）事故起因：110kV 备自投接收 1 号主变压器本体智能终端 GOOSE 通信中断，1 号主变压器本体重瓦斯保护动作，主变压器高低压侧断路器跳闸，110kV 备自投动作，1 号主变压器本体重瓦斯保护再次动作跳闸。

（2）具体报文信息见表 4—7。

表 4—7 报 文 信 息

序号	时　间	报 文 信 息
1	10:00:00.000	110kV 备自投接收 1 号主变压器本体智能终端 GOOSE 通信中断动作
2	10:00:00.000	110kV 备自投装置告警
3	10:01:00.000	1 号主变压器本体重瓦斯保护动作
4	10:01:00.020	110kV 乙一线 191 断路器合位—分
5	10:01:00.020	110kV 乙一线 191 断路器分位—合
6	10:01:00.021	1 号主变压器 10kV 侧 99A 断路器合位—分
7	10:01:00.021	1 号主变压器 10kV 侧 99A 断路器分位—合
8	10:01:00.022	1 号主变压器 10kV 侧 99D 断路器合位—分
9	10:01:00.022	1 号主变压器 10kV 侧 99D 断路器分位—合
10	10:01:00.029	400V Ⅰ 段交流母线欠电压
11	10:01:00.029	400V 交流系统故障总告警
12	10:01:00.029	1 号 UPS 交流输入异常
13	10:01:00.030	10kV Ⅰ 段母线电压越下限
14	10:01:00.031	10kV Ⅱ 段母线电压越下限
15	10:01:00.061	1 号主变压器本体重瓦斯保护动作—复归
16	10:01:00.521	1 号电容器 919 低电压动作
17	10:01:00.522	2 号电容器 929 低电压动作
18	10:01:00.542	1 号电容器 919 断路器分位—合
19	10:01:00.542	1 号电容器 919 断路器合位—分
20	10:01:00.543	2 号电容器 929 断路器分位—合
21	10:01:00.543	2 号电容器 929 断路器合位—分
22	10:01:02.531	110kV 备自投事故信号总动作
23	10:01:02.532	110kV 备自投保护动作
24	10:01:02.533	110kV 备自投跳 110kV 乙一线 191 断路器

续表

序号	时　间	报　文　信　息
25	10:01:02.534	110kV 备自投合 110kV Ⅰ～Ⅱ母联 19M 断路器
26	10:01:02.554	110kV Ⅰ～Ⅱ母分 19M 断路器合位—合
27	10:01:02.554	110kV Ⅰ～Ⅱ母分 19M 断路器分位—分
28	10:01:02.555	1 号主变压器本体重瓦斯保护动作
29	10:01:02.575	110kV Ⅰ～Ⅱ母分 19M 断路器分位—合
30	10:01:02.576	110kV Ⅰ～Ⅱ母分 19M 断路器合位—分
31	10:01:02.585	1 号主变压器本体重瓦斯保护动作复归
32	10:01:03.020	10kV Ⅰ～Ⅵ母备自投事故信号总动作
33	10:01:03.020	10kV Ⅱ～Ⅴ母备自投事故信号总动作
34	10:01:03.021	10kV Ⅰ～Ⅵ母备自投跳 1 号主变压器 10kV 侧 99A 断路器
35	10:01:03.021	10kV Ⅱ～Ⅴ母备自投跳 1 号主变压器 10kV 侧 99D 断路器
36	10:01:03.022	10kV Ⅰ～Ⅵ母备自投合 10kV Ⅰ～Ⅵ母分 99W 断路器
37	10:01:03.022	10kV Ⅱ～Ⅴ母备自投合 10kV Ⅱ～Ⅴ母分 99M 断路器
38	10:01:03.042	10kV Ⅰ～Ⅵ母分 99W 断路器合位—合
39	10:01:03.042	10kV Ⅱ～Ⅴ母分 99M 断路器合位—合
40	10:01:03.043	10kV Ⅰ～Ⅵ母分 99W 断路器分位—分
41	10:01:03.043	10kV Ⅱ～Ⅴ母分 99M 断路器分位—分
42	10:01:03.064	400V Ⅰ 段交流母线欠电压复归
43	10:01:03.065	400V 交流系统故障总告警复归
44	10:01:03.066	1 号 UPS 交流输入异常复归
45	10:01:03.067	10kV Ⅰ 段母线电压越下限复归
46	10:01:03.068	10kV Ⅱ 段母线电压越下限复归

从监控机上可以看到仿真三变电站 1 号主变压器失电压，191 断路器、19M 断路器、99A 断路器、99D 断路器处分位，99W、99M 断路器处合位。

4. 报文分析判断

从报文第 1、2 项"110kV 备自投接收 1 号主变压器本体智能终端 GOOSE 通信中断动作"、"110kV 备自投装置告警"可知，110kV 备自投与 1 号主变压器本体智能终端的 GOOSE 通信中断，110kV 备自投无法接收 1 号主变压器本体智能终端的信息。1min 后，1 号主变压器本体重瓦斯保护动作，两侧断路器跳闸。10kV Ⅰ、Ⅱ 段母线电压越下限，400V 交流 Ⅰ 段母线欠电压动作，1 号 UPS 充电机输入异常，1、2 号电容器欠电压动作跳闸。2500ms 后，110kV 备自投动作合上 110kV Ⅰ～Ⅱ 母分 19M 断路器。紧接着 1 号主变压器本体重瓦斯保护再次动作跳开 19M 断路器。3000ms 后 10kV Ⅰ～Ⅵ 母备自投和 10kV Ⅱ～Ⅴ 母备自投动作，分别合上 10kV Ⅰ～Ⅵ 母分 99W 断路器和 10kV Ⅱ～Ⅴ 母分 99M 断路器，10kV Ⅰ、Ⅱ 段母线电压恢复正常，400V 交流 Ⅰ 段母线欠电压动作复归，1 号 UPS 充电机输入异常复归。

从报文分析判断：1 号主变压器本体重瓦斯保护动作跳闸，110kV 备自投动作合上 110kV 母分开关，导致 1 号主变压器本体重瓦斯保护再次动作跳闸，最终 10kV 母分备自投动作，10kV 负荷未丢失。

5. 处理参考步骤

（1）立即查看 2 号主变压器负荷，若有重载或过载应立即汇报调度。

（2）在 1 号主变压器未送电前，应重点监视 2 号主变压器负荷以及油温，加强对 2 号主变压器的巡视。

（3）查看 1 号主变压器故障情况，依据调度指令将 1 号主变压器转检修处理。

（4）待 1 号主变压器转检修后，依据调度指令将 110kV 乙一线 191 断路器转运行，110kV Ⅰ～Ⅱ 母分 19M 断路器转热备用，恢复仿真三变电站双电源供电。

（5）查看综自后台机上通信链路监视图，110kV 备自投装置接收 1 号主变压器本体智能终端的通信链路监视状态显示为断链状态。

（6）查看 110kV 备自投装置和 1 号主变压器本体智能终端的 GOOSE 接口是否异常。

6. 案例要点分析

110kV 内桥接线的智能变电站，110kV 备自投通常配置一套，其闭锁量与常规站是一样的，即主变压器主保护和 110kV 后备保护闭锁桥备自投，不闭锁进线备自投。常规站中，主变压器保护的这些闭锁量全部由主变压器保护装置经过电缆接入备自投装置。智能站中，主变压器电量保护闭锁量由主变压器保护通过组网 GOOSE 发送给备自投装置，非电量保护闭锁量由本体智能终端通过组网 GOOSE 发送给备自投装置。本案例中，事故前，本体智能终端 GOOSE

组网通信中断，导致 110kV 备自投无法接收主变压器本体智能终端的信息，在 1 号主变压器本体重瓦斯保护动作后，110kV 备自投无法接收到闭锁量，因此备自投按照正常动作逻辑合上 110kV 母分断路器，导致 1 号主变压器再次经受一次故障冲击。

案例 8　仿真三变电站 110kV 进线断路器合智一体装置与 110kV 备自投装置 GOOSE 通信中断

1. 主接线运行方式

110kV 仿真三变电站 110kV、10kV 分列运行。1 号主变压器接 110kV 乙一线 191 线路运行，3 号主变压器接 110kV 乙二线 193 线路运行，110kV Ⅰ/Ⅱ 母分 19M 断路器热备用，110kV Ⅱ/Ⅲ 母分 19K 断路器运行，1 号主变压器 10kV 侧 99A、99D 断路器运行，3 号主变压器 10kV 侧 99C、99F 断路器运行，10kV Ⅰ/Ⅵ 段母分 99W 断路器热备用，10kV Ⅱ/Ⅴ 段母分 99M 断路器热备用，1 号主变压器 110kV 侧中性点 19A8、3 号主变压器 110kV 侧中性点 19C8 均处分闸。

2. 保护配置情况

110kV 乙一线 191、乙二线 193 间隔各配置两套合并单元和智能终端一体装置，110kV Ⅰ/Ⅱ 母分 19M 断路器、110kV Ⅱ/Ⅲ 母分 19K 断路器各配置两套合并单元和智能终端一体装置。

1、3 号主变压器各配置两套电量保护，主变压器高压侧配置一套智能终端，主变压器本体配置一套智能终端，主变压器低压侧各配置两套合并单元和智能终端一体装置。

110kV 配置备自投一套。10kV Ⅰ/Ⅵ 段母分 99W 断路器配置备自投一套，10kV Ⅱ/Ⅴ 段母分 99M 断路器配置备自投一套。所有备自投保护采样均来自第 Ⅰ 套合并单元和智能终端一体装置，跳合闸出口均通过第 Ⅰ 套合并单元和智能终端一体装置实现。

3. 事故概况

（1）事故起因：110kV 乙一线断路器合智单元 Ⅰ 套接收 110kV 备自投 GOOSE 通信中断，110kV 乙一线线路故障，110kV Ⅰ 段母线和 1 号主变压器失电压，110kV 备自投未动作。

（2）具体报文信息见表 4-8。

表 4-8   报 文 信 息

序号	时 间	报 文 信 息
1	10:00:00.000	110kV 乙一线 191 合智单元 I 套接收 110kV 备自投装置 GOOSE 通信中断动作
2	10:00:00.000	110kV 乙一线 191 合智单元 I 套装置 GOOSE 告警
3	10:01:00.029	400V I 段交流母线欠电压
4	10:01:00.029	400V 交流系统故障总告警
5	10:01:00.029	1 号 UPS 交流输入异常
6	10:01:00.030	10kV I 段母线电压越下限
7	10:01:00.031	10kV II 段母线电压越下限
8	10:01:00.521	1 号电容器 919 低电压动作
9	10:01:00.522	2 号电容器 929 低电压动作
10	10:01:00.542	1 号电容器 919 断路器分位—合
11	10:01:00.542	1 号电容器 919 断路器合位—分
12	10:01:00.543	2 号电容器 929 断路器分位—合
13	10:01:00.543	2 号电容器 929 断路器合位—分
14	10:01:02.531	110kV 备自投事故信号总动作
15	10:01:02.532	110kV 备自投保护动作
16	10:01:02.533	110kV 备自投跳 110kV 乙一线 191 断路器
17	10:01:03.020	10kV I～VI 母备自投事故信号总动作
18	10:01:03.020	10kV II～V 母备自投事故信号总动作
19	10:01:03.021	10kV I～VI 母备自投跳 1 号主变压器 10kV 侧 99A 断路器
20	10:01:03.021	10kV II～V 母备自投跳 1 号主变压器 10kV 侧 99D 断路器
21	10:01:03.022	1 号主变压器 10kV 侧 99A 分位—合
22	10:01:03.022	1 号主变压器 10kV 侧 99D 分位—合
23	10:01:03.023	1 号主变压器 10kV 侧 99A 合位—分
24	10:01:03.023	1 号主变压器 10kV 侧 99D 合位—分
25	10:01:03.123	10kV I～VI 母备自投合 10kV I～VI 母分 99W 断路器
26	10:01:03.123	10kV II～V 母备自投合 10kV II～V 母分 99M 断路器
27	10:01:03.127	10kV I～VI 母分 99W 断路器合位—合
28	10:01:03.127	10kV II～V 母分 99M 断路器合位—合

续表

序号	时 间	报 文 信 息
29	10:01:03.129	10kVⅠ～Ⅵ母分 99W 断路器分位一分
30	10:01:03.129	10kVⅡ～Ⅴ母分 99M 断路器分位一分
31	10:01:03.164	400VⅠ段交流母线欠电压复归
32	10:01:03.165	400V 交流系统故障总告警复归
33	10:01:03.166	1 号 UPS 交流输入异常复归
34	10:01:03.167	10kVⅠ段母线电压越下限复归
35	10:01:03.168	10kVⅡ段母线电压越下限复归

从监控主机上看，110kV 乙一线断路器处合位，1 号主变压器 10kV 侧 99A 和 99D 断路器处分位，110kVⅠ～Ⅵ母分 99W 断路器和 10kVⅡ～Ⅴ母分 99M 断路器处合位，110kVⅠ段母线和 1 号主变压器失电压。

4. 报文分析判断

从报文第 1、2 项"110kV 乙一线 191 合智单元Ⅰ套接收 110kV 备自投装置 GOOSE 通信中断动作"、"110kV 乙一线 191 合智单元Ⅰ套装置 GOOSE 告警"可知，事故发生前，110kV 乙一线 191 合智单元Ⅰ套与 110kV 备自投装置的 GOOSE 通信出现异常，合智单元Ⅰ无法接收 110kV 备自投的信息。1min 后，乙一线线路发生故障，线路失电压导致 110kVⅠ段母线和 1 号主变压器失电压，10kVⅠ、Ⅱ段母线失电压，400V 交流Ⅰ段母线失电压，1、2 号电容器欠电压动作跳闸。2500ms 后，110kV 备自投动作，110kV 乙一线 191 断路器未跳闸。3000ms 后 10kVⅠ～Ⅵ母备自投和 10kVⅡ～Ⅴ母备自投动作，分别合上 10kV Ⅰ～Ⅵ母分 99W 断路器和 10kVⅡ～Ⅴ母分 99M 断路器，10kVⅠ、Ⅱ母线电压恢复正常，400V 交流Ⅰ段母线欠电压动作复归，1 号 UPS 充电机输入异常复归。

从报文分析判断：事故发生前，110kV 乙一线 191 合智单元（Ⅰ）套无法接收 110kV 备自投信息。110kV 乙一线线路故障失电压后，110kV 备自投因 191 断路器未跳开导致备自投动作不成功，最终 10kV 备自投动作成功，负荷未丢失。

5. 处理参考步骤

（1）立即查看 2 号主变压器负荷，若有重载或过载应立即汇报调度。

（2）若 110kV 乙一线为纯电缆线路，因此故障跳闸后不宜强送电，依据调度指令，合上 110kV Ⅰ～Ⅱ母分 19M 断路器，将 1 号主变压器转由 110kV 乙二线 193 线路供电。

（3）依据调度指令，在 1 号主变压器恢复送电后，将 10kV Ⅰ、Ⅱ段母线转由 1 号主变压器供电，恢复 10kV 母线正常分列运行方式。

（4）查看综自后台机上通信链路监视图，110kV 乙一线 191 第Ⅰ套合智单元接收 110kV 备自投装置的通信链路监视状态显示为断链状态。

（5）查看 110kV 备自投装置和 110kV 乙一线 191 第Ⅰ套合智单元的 GOOSE 接口是否异常。

6. 案例要点分析

110kV 内桥接线的智能变电站，按照国家电网公司智能变电站典型设计，110kV 备自投通常配置一套，而 110kV 进线间隔、母分间隔的合智单元为双重化配置，110kV 备自投与双重化配置设备的第Ⅰ套建立 GOOSE 通信。本案例中，事故发生前，110kV 乙一线 191 合智单元Ⅰ套接收 110kV 备自投 GOOSE 通信中断，导致 110kV 备自投在发出跳 191 断路器的命令时，合智单元Ⅰ套因无法接收到跳闸命令，致使断路器不能跳闸，备自投动作失败。

案例 9 仿真三变电站主变压器电量保护 SV 间隔投入压板误退出

1. 主接线运行方式

110kV 仿真三变电站 110、10kV 分列运行。1 号主变压器接 110kV 乙一线 191 线路运行，3 号主变压器接 110kV 乙二线 193 线路运行，110kV Ⅰ/Ⅱ母分 19M 断路器运行，110kV Ⅱ/Ⅲ母分 19K 断路器热备用，1 号主变压器 10kV 侧 99A、99D 断路器运行，3 号主变压器 10kV 侧 99C、99F 断路器运行，10kV Ⅰ/Ⅵ段母分 99W 断路器热备用，10kV Ⅱ/Ⅴ段母分 99M 断路器热备用，1 号主变压器 110kV 侧中性点 19A8、3 号主变压器 110kV 侧中性点 19C8 均处分闸。

2. 保护配置情况

110kV 乙一线 191、乙二线 193 间隔各配置两套合并单元和智能终端一体装置，110kV Ⅰ/Ⅱ母分 19M 断路器、110kV Ⅱ/Ⅲ母分 19K 断路器各配置两套合并单元和智能终端一体装置。

1、3 号主变压器各配置两套电量保护（iPACS5941D），主变压器高压侧配置一套智能终端，主变压器本体配置一套智能终端，主变压器低压侧各配置两套合并单元和智能终端一体装置。

110kV 配置备自投一套。10kV Ⅰ/Ⅵ段母分 99W 断路器配置备自投一套，

10kVⅡ/Ⅴ段母分 99M 断路器配置备自投一套。所有备自投保护采样均来自第Ⅰ套合并单元和智能终端一体装置，跳合闸出口均通过第Ⅰ套合并单元和智能终端一体装置实现。

3. 事故概况

（1）事故起因：110kV 乙一线 191 间隔合智单元Ⅰ套缺陷，将母分 19M 断路器转运行后断开 191 线路断路器进行缺陷处理。处理完毕后的送电，送电操作过程中，在 191 断路器转合环运行时，1 号主变压器第Ⅰ套差动保护动作跳闸。

（2）具体报文信息见表 4-9。

表 4-9　　　　　　　　　　　　　报　文　信　息

序号	时　　间	报　文　信　息
1	14:15:00.000	110kV 乙一线 191 断路器分位—分
2	14:15:00.000	110kV 乙一线 191 断路器合位—合
3	14:15:00.005	1 号主变压器 iPACS5941D（Ⅰ）套事故总信号动作
4	14:15:00.005	1 号主变压器 iPACS5941D（Ⅰ）套比率差动动作
5	14:15:00.026	110kV 乙一线 191 断路器分位—合
6	14:15:00.026	110kV Ⅰ–Ⅱ 母联 19M 断路器分位—合
7	14:15:00.026	1 号主变压器 10kV 侧 99A 断路器分位—合
8	14:15:00.026	1 号主变压器 10kV 侧 99D 断路器分位—合
9	14:15:00.027	110kV 乙一线 191 断路器合位—分
10	14:15:00.027	110kV Ⅰ–Ⅱ 母联 19M 断路器合位—分
11	14:15:00.027	1 号主变压器 10kV 侧 99A 断路器合位—分
12	14:15:00.027	1 号主变压器 10kV 侧 99D 断路器合位—分
13	14:15:00.031	400V Ⅰ 段交流母线欠电压
14	14:15:00.032	400V 交流系统故障总告警
15	14:15:00.033	1 号 UPS 交流输入异常
16	14:15:00.034	110kV Ⅰ 段母线电压越下限
17	14:15:00.034	110kV Ⅱ 段母线电压越下限
18	14:15:00.036	10kV Ⅰ 段母线电压越下限
19	14:15:00.037	10kV Ⅱ 段母线电压越下限
20	14:15:00.130	10kV Ⅰ～Ⅵ母备自投事故信号总动作

序号	时 间	报 文 信 息
21	14:15:00.130	10kV Ⅱ～Ⅴ母备自投事故信号总动作
22	14:15:00.132	10kV Ⅰ～Ⅵ母备自投合 10kV Ⅰ～Ⅵ母分 99W 断路器
23	14:15:00.132	10kV Ⅱ～Ⅴ母备自投合 10kV Ⅱ～Ⅴ母分 99M 断路器
24	14:15:00.182	10kV Ⅰ～Ⅵ母分 99W 断路器合位—合
25	14:15:00.182	10kV Ⅱ～Ⅴ母分 99M 断路器合位—合
26	14:15:00.183	10kV Ⅰ～Ⅵ母分 99W 断路器分位—分
27	14:15:00.183	10kV Ⅱ～Ⅴ母分 99M 断路器分位—分
28	14:15:00.204	400V Ⅰ 段交流母线欠电压复归
29	14:15:00.205	400V 交流系统故障总告警复归
30	14:15:00.206	1 号 UPS 交流输入异常复归
31	14:15:00.207	10kV Ⅰ 段母线电压越下限复归
32	14:15:00.208	10kV Ⅱ 段母线电压越下限复归
33	14:15:00.208	1 号主变压器 iPACS5941D（Ⅰ）套比率差动动作复归

从监控主机上可以看到，110kV 乙一线 191 断路器、Ⅰ/Ⅱ 母分 19M 断路器、1 号主变压器 10kV 侧 99A 和 99D 断路器处分位，10kV Ⅰ/Ⅵ 段母分 99W 断路器、10kV Ⅱ/Ⅴ 段母分 99M 断路器处合位，110kV Ⅰ、Ⅱ 段母线及 1 号主变压器失电压。

4. 报文分析判断

从报文可以得出事故经过：在合上 191 断路器后，1 号主变压器第 Ⅰ 套差动保护动作跳开两侧断路器后，110kV Ⅰ、Ⅱ 段母线和 1 号主变压器失电压，10kV Ⅰ、Ⅱ 段母线失电压，400V 交流 Ⅰ 段母线失电压。100ms 后 10kV Ⅰ～Ⅵ 母备自投和 10kV Ⅱ～Ⅴ 母备自投动作，分别合上 10kV Ⅰ～Ⅵ 母分 99W 断路器和 10kV Ⅱ～Ⅴ 母分 99M 断路器，10kV Ⅰ、Ⅱ 母电压恢复正常，400V 交流 Ⅰ 段母线欠电压动作复归，1 号 UPS 充电机输入异常复归。

报文分析判断：1 号主变压器第 Ⅰ 套差动保护是在 191 断路器合上后动作跳闸，1 号主变压器第 Ⅱ 套保护在此过程没有保护动作报文，有三种可能性：① 1 号主变压器差动保护范围内发生故障，第 Ⅰ 套差动保护正确动作跳闸，第 Ⅱ 套差动保护拒动；② 1 号主变压器没有故障，第 Ⅰ 套差动保护存在故障误动作；③ 第Ⅰ套差动保护投切错误导致主变压器差动保护误动作。结合当天的工作，在处理 110kV 乙一线 191 间隔合智单元时将第Ⅰ套电量保护 191 间隔 SV 投入压板退出，判断可能是由于 191 间隔 SV 投入压板漏投导致差动保护误动作，第③种可能性最大。

5. 处理参考步骤

（1）立即查看 3 号主变压器负荷，若有重载或过载应立即汇报调度。

（2）查看监控主机上 1 号主变压器第Ⅰ套差动保护 191 间隔 SV 投入软压板，发现该软压板在退出状态，立即将该软压板投入。

（3）查看 1 号主变压器差动范围内一次设备情况，未发现异常。

（4）向调度汇报：事故原因是由于 1 号主变压器第Ⅰ套差动保护 191 间隔 SV 投入软压板未投入造成 1 号主变压器第Ⅰ套差动保护误动作，现已将该软压板投入，1 号主变压器差动范围内检查未发现异常，申请 1 号主变压器送电，依据调度指令将 1 号主变压器由热备用转接 110kV 乙一线 191 线路运行。

（5）依据调度指令，在 1 号主变压器恢复送电后，将 10kVⅠ、Ⅱ段母线转由 1 号主变压器供电，恢复 10kV 母线正常分列运行方式。

6. 案例要点分析

在智能变电站中，保护装置中的间隔 SV 投入软压板非常关键，相当于间隔接入保护的"总开关"，当这块软压板投入时，相当于"总开关"是运行的，保护装置接收该间隔的 SV 采集量，并纳入计算；当这块软压板退出时，相当于"总开关"是退出的，虽然保护装置接收该间隔的 SV 采集量，但不纳入计算。因此，在间隔运行时，保护装置中的该软压板必须在运行。本案例中，工作时把 1 号主变压器第Ⅰ套差动保护 191 间隔 SV 投入软压板退出，避免消缺工作影响主变压器保护的正常运行，但是在工作结束后忘记将该软压板投入，在 191 断路器转运行后，191 断路器流过负荷电流，但是主变压器差动保护不计算 191 断路器的电流，使差动保护出现差流，而差动保护动作不经电压闭锁，差流达到动作值即出口跳闸，造成差动保护误动作。

案例 10　仿真四变电站母差保护 SV 间隔投入压板误退出

1. 主接线运行方式

500kV 仿真四变电站 500kV 第一串 5012、5013 断路器运行，500kV 第二串 5021、5022、5023 断路器运行，500kV 第三串 5031、5032、5033 断路器运行，500kV 第四串 5041、5042 断路器运行。500kV 丙一线、丙二线、丙三线、

丙四线和 2 号、3 号联络变压器运行。

220kV Ⅰ、Ⅱ、Ⅲ、Ⅳ段母线并列运行，220kV Ⅰ 段母线接甲一线 211 断路器、甲三线 213 断路器运行，220kV Ⅱ 段母线接甲二线 212、甲四线 214 断路器、2 号联络变压器 220kV 侧 21B 断路器运行，220kV Ⅲ 段母线接甲五线 221、甲七线 223 断路器、3 号联络变压器 220kV 侧 22C 断路器运行，220kV Ⅳ 段母线接甲六线 222、甲八线 224 断路器运行，220kV Ⅰ/Ⅱ 段母联 21M 断路器、220kV Ⅲ/Ⅳ 段母联 22M 断路器、220kV Ⅰ/Ⅲ 段母分 210 断路器、220kV Ⅱ/Ⅳ 段母分 220 断路器运行。

2 号联络变压器供 66kV Ⅱ 段母线运行，3 号联络变压器供 66kV Ⅲ 段母线运行。

2. 保护配置情况

500kV 馈线分别配置两套线路保护，每个断路器各配置两套合并单元、智能终端、断路器保护，两段母线配置两套合并单元。

220kV 线路各配置两套线路保护，每个间隔分别配置两套合并单元、智能终端。220kV Ⅰ、Ⅱ 段母线配置两套母差保护和两套合并单元、智能终端。220kV Ⅲ、Ⅳ 段母线配置两套母差保护和两套合并单元、智能终端。

两台联络变压器各配置两套电量保护，联络变压器各侧断路器配置两套合并单元、智能终端。

3. 事故概况

（1）事故起因：500kV 丙一线一、二次例检工作结束后送电时，操作合上丙一线 5023 断路器时（5022 断路器处冷备用，尚未送电），丙一线线路主保护、500kV Ⅱ 母母差保护动作，跳开丙三线 5013、丙一线 5023、丙二线 5033、3 号联络变压器 500kV 侧 5042 断路器，500kV Ⅱ 母失电压。

（2）具体报文信息见表 4-10。

表 4-10　　　　　　　　　　报　文　信　息

序号	时　间	报　文　信　息
1	16:15:00.000	500kV 丙一线 5022 断路器总分位—分
2	16:15:00.000	500kV 丙一线 5022 断路器总合位—合
3	16:15:00.005	500kV 丙一线 CSC103 事故总动作
4	16:15:00.005	500kV 丙一线 PCS931 事故总动作
5	16:15:00.006	500kV Ⅱ 母母差第一套保护 CSC150 事故总动作

续表

序号	时　间	报　文　信　息
6	16:15:00.006	500kV Ⅱ 母母差第二套保护 CSC150 事故总动作
7	16:15:00.007	500kV 丙一线 CSC103 保护动作
8	16:15:00.007	500kV 丙一线 PCS931 保护动作
9	16:15:00.008	500kV Ⅱ 母母差第一套保护 CSC150 差动保护动作
10	16:15:00.008	500kV Ⅱ 母母差第二套保护 CSC150 差动保护动作
11	16:15:00.009	500kV 丙一线 CSC103 纵联差动保护动作
12	16:15:00.010	500kV 丙一线 PCS931 电流差动保护动作
13	16:15:00.012	500kV 丙一线 PCS931 电流差动保护跳 A 动作
14	16:15:00.013	500kV 丙一线 CSC103 纵联差动保护跳 A 动作
15	16:15:00.063	500kV 丙一线 5023 断路器 A 相分位—合
16	16:15:00.064	500kV 丙一线 5023 断路器 A 相合位—分
17	16:15:00.065	500kV 丙一线 5023 断路器总分位—合
18	16:15:00.066	500kV 丙一线 5023 断路器总合位—分
19	16:15:00.067	500kV 丙二线 5033 断路器总分位—合
20	16:15:00.068	500kV 丙二线 5033 断路器总合位—分
21	16:15:00.069	500kV 丙三线 5013 断路器总分位—合
22	16:15:00.070	500kV 丙三线 5013 断路器总合位—分
23	16:15:00.071	3 号联络变压器 500kV 侧 5042 总分位—合
24	16:15:00.072	3 号联络变压器 500kV 侧 5042 总合位—分
25	16:15:00.075	500kV Ⅱ 段母线电压越下限
26	16:15:09.001	500kV 丙一线 CSC103 保护动作—复归
27	16:15:09.002	500kV 丙一线 PCS931 保护动作—复归
28	16:15:09.003	500kV Ⅱ 母母差第一套保护 CSC150 差动保护动作—复归
29	16:15:09.004	500kV Ⅱ 母母差第二套保护 CSC150 差动保护动作—复归
30	16:15:09.005	500kV 丙一线 CSC103 纵联差动保护动作—复归
31	16:15:09.006	500kV 丙一线 PCS931 电流差动保护动作—复归
32	16:15:09.007	500kV 丙一线 PCS931 电流差动保护跳 A 动作—复归
33	16:15:09.008	500kV 丙一线 CSC103 纵联差动保护跳 A 动作—复归

从监控主机上看，5013、5023、5033、5042 断路器在分位，500kV Ⅱ 段母

线失电压。

4. 报文分析判断

阅读报文后，可以推出事故经过：在合上 5023 断路器后，500kV 丙一线两套线路主保护动作、500kV Ⅱ 段母线两套母差保护动作跳闸，5013、5023、5033、5042 断路器跳开，500kV Ⅱ 段母线失电压。

报文分析判断：在合上 5023 断路器后，丙一线线路保护和 500kV Ⅱ 段母线两套母差保护同时动作跳闸，可能存在以下情况：① 线路故障，线路保护正确动作，母差保护误动作；② 5023 断路器电子式互感器故障（5022 断路器处冷备用），线路保护和母差保护同时动作跳闸；③ 500kV Ⅱ 段母线故障，母差保护正确动作，线路保护误动作。

5. 处理参考步骤

（1）查看报文，查看监控主机上 500kV 丙一线间隔细节图和软压板投切图，未发现异常信号。

（2）查看监控主机上 500kV Ⅱ 段母线母差保护细节图和软压板投切图，发现两套母差保护的 5023 间隔投入软压板在退出状态，立即将两套母差保护的 5023 间隔投入软压板投入。

（3）检查 5023 间隔和 500kV Ⅱ 段母线母差范围内的一二次设备，未发现异常。

（4）利用外电源对 500kV Ⅱ 段母线充电：根据调度指令合上 500kV 丙二线 5033 开关对 500kV Ⅱ 段母线进行充电，充电正常。

（5）根据调度指令恢复 5013、5042 断路器正常运行。

（6）根据调度指令对 500kV 丙一线进行强送。

6. 案例要点分析

本案例中，由于工作结束后在送电过程中，母差保护中 5023 间隔投入软压板被退出，当合上 5023 断路器后，由于线路发生 A 相故障，造成母线电压降低，线路保护正确动作，而母差保护因 5023 间隔投入压板未投，因此不计算 5023 间隔的故障电流，差动元件计算的差流（即 5023 线路故障电流）达到动作值，差动保护动作跳闸。因此，运行人员在送电前，必须检查间隔投入压板是否正确投入，否则不能送电。

第 5 章

复合型事故处理案例

智能化变电站中除了各类型单一装置（链路）故障外，还存在着多种装置或一次系统故障同时或相继发生的复合型故障。复合型故障的分析往往存在一定的复杂性，本章选取了典型的几种故障类型。

案例 1　仿真二变电站 110kV 线路复役送电 110kV 母差误动作

1. 主接线运行方式

220kV 系统：桥式接线。甲一线 271、甲二线 272、母联 27M 断路器运行。

110kV 系统：双母线接线。乙三线 177、1 号主变压器 110kV 侧 17A 接 I 段母线运行；乙二线 176、乙四线 178、2 号主变压器 110kV 侧 17B 接 II 段母线运行；母联 17M 断路器运行，乙一线 175 间隔停役。

10kV 系统：单母分段接线。I 段母线接配线一 911、1 号电容器 919、2 号电容器 918、3 号电容器 939、4 号电容器 938、1 号站用变压器 910 运行；II 段母线接配线二 921、5 号电容器 929、6 号电容器 928、7 号电容器 949、8 号电容器 948、2 号站用变压器 920 运行；母联 97M 热备用。

中性点系统：2 号主变压器 220kV 侧 27B8、2 号主变压器 110kV 侧 17B8、1 号主变压器 110kV 侧 17A8 合闸；1 号主变压器 220kV 侧 27A8 断开。

2. 保护配置情况

1、2 号主变压器保护配置南瑞继保 PCS-978，110kV 母线保护配置国电南自 SGB-750，110kV 线路保护配置南瑞继保 PCS-941A、线路重合闸未投入，保护均采用直采直跳方式。

3. 事故概况

（1）事故概述：110kV 乙一线 175 间隔设备检修工作完成后，送电操作过程中 110kV 母差保护的"乙一线 175 间隔（SV）投入"压板漏投，在乙一线

175 断路器转线路充电运行时，断路器合于故障线路，造成 110kV Ⅰ段母线差动保护误动，跳开 1 号主变压器 110kV 侧 17A 断路器、乙一线 175 断路器、乙三线 177 断路器、母联 17M 断路器。

（2）具体报文信息见表 5-1。

表 5-1   **报 文 信 息**

序号	时 间	报 文 信 息
1	09:00:00:000	110kV 乙一线 175 遥控合操作选择
2	09:00:03:000	110kV 乙一线 175 遥控合操作选择成功
3	09:00:30:000	110kV 乙一线 175 遥控合操作执行
4	09:00:55:000	110kV 乙一线 175 遥控合操作执行成功
5	09:00:01:000	110kV 乙一线 175 保护测控跳位一分
6	09:01:01:000	110kV 乙一线 175 保护测控合位一合
7	09:01:01:005	220kV 甲一线 271 线路保护 PCS931AM 保护起动
8	09:01:01:005	220kV 甲一线 271 线路保护 CSC103B 保护起动
9	09:01:01:005	220kV 甲二线 272 线路保护 PCS931AM 保护起动
10	09:01:01:005	220kV 甲二线 272 线路保护 CSC103B 保护起动
11	09:01:01:005	220kV 母联 27M 保护 PCS921G-D 保护起动
12	09:01:01:005	220kV 母联 27M 保护 CSC121AE 保护起动
13	09:01:01:005	1 号主变压器 PCS-978 第一套保护起动
14	09:01:01:005	1 号主变压器 PCS-978 第二套保护起动
15	09:01:01:005	2 号主变压器 PCS-978 第一套保护起动
16	09:01:01:005	2 号主变压器 PCS-978 第二套保护起动
17	09:01:01:005	110kV 乙一线 175 保护起动
18	09:01:01:005	110kV 母线差动保护起动
19	09:01:01:008	110kV 母线差动保护电压开放
20	09:01:01:021	110kV 乙一线 175 线路 PCS941A-DM 保护动作
21	09:01:01:021	110kV 乙一线 175 线路 PCS941A-DM 接地距离Ⅰ段动作
22	09:01:01:021	110kV 乙一线 175 线路 PCS941A-DM 相间距离Ⅰ段动作
23	09:01:01:021	110kV SGB750 母差保护Ⅰ母差动保护动作
24	09:01:01:023	110kV 母线保护事故总信号
25	09:01:01:023	110kV 母线保护告警

序号	时　间	报　文　信　息
26	09:01:01:023	110kV 母线保护 110kV 母联 17M 跳闸
27	09:01:01:023	110kV 母线保护 1 号主变压器 110kV 侧 17A 跳闸
28	09:01:01:023	110kV 母线保护 110kV 乙一线 175 跳闸
29	09:01:01:023	110kV 母线保护 110kV 乙三线 177 跳闸
30	09:01:01:060	110kV 乙一线 175 保护测控跳位—合
31	09:01:01:060	110kV 乙一线 175 保护测控合位—分
32	09:01:01:060	110kV 乙三线 177 保护测控跳位—合
33	09:01:01:060	110kV 乙三线 177 保护测控合位—分
34	09:01:01:060	110kV 母联 17M 保护测控跳位—合
35	09:01:01:060	110kV 母联 17M 保护测控合位—分
36	09:01:01:060	1 号主变压器 110kV 侧 17A 测控跳位—合
37	09:01:01:060	1 号主变压器 110kV 侧 17A 测控合位—分
38	09:01:01:060	110kV I 段母线电压越限告警
39	09:01:01:060	110kV I 段母线计量电压丢失
40	09:01:01:460	220kV 甲一线 271 线路保护 PCS931AM 保护起动—复归
41	09:01:01:460	220kV 甲一线 271 线路保护 CSC103B 保护起动—复归
42	09:01:01:460	220kV 甲二线 272 线路保护 PCS931AM 保护起动—复归
43	09:01:01:460	220kV 甲二线 272 线路保护 CSC103B 保护起动—复归
44	09:01:01:460	220kV 母联 27M 保护 PCS921G–D 保护起动—复归
45	09:01:01:460	220kV 母联 27M 保护 CSC121AE 保护起动—复归
46	09:01:01:460	110kV 乙一线 175 保护起动—复归
47	09:01:01:460	1 号主变压器 PCS–978 第一套保护起动—复归
48	09:01:01:460	1 号主变压器 PCS–978 第二套保护起动—复归
49	09:01:01:460	2 号主变压器 PCS–978 第一套保护起动—复归
50	09:01:01:460	2 号主变压器 PCS–978 第二套保护起动—复归
51	09:01:01:460	110kV 母线差动保护起动—复归
52	09:01:01:460	110kV 乙一线 175 线路 PCS941A–DM 保护动作—复归
53	09:01:01:460	110kV SGB750 母差保护 I 母差动保护动作—复归

4. 报文分析判断

从报文 1～4 项内容"110kV 乙一线 175 遥控返校成功""110kV 乙一线 175 遥控成功""110kV 乙一线 175 保护测控跳位—分""110kV 乙一线 175 保护测控合位—合"可得知，09:01:01:000 在监控后台进行 110kV 乙一线 175 遥控合闸操作，且断路器已变位合；09:01:01:005 几乎在开关合闸的同一时刻系统发生故障，各类保护起动。20ms 左右 110kV 乙一线 175 线路"接地距离Ⅰ段保护""相间距离Ⅰ段保护"及 110kV 母差保护"Ⅰ母差动保护"同时动作；约 40ms 后母联 17M 断路器、1 号主变压器 110kV 侧 17A 断路器、乙一线 175 断路器、乙三线 177 断路器跳闸。故障点消失，各类保护复归。事故造成 110kV Ⅰ段母线失电压，Ⅰ段母线所接负荷丢失。

通过分析可判断：在 110kV 乙一线 175 断路器合闸时，其线路保护和 110kV 母差保护同时动作，判断故障可能存在两种原因：第一种，乙一线 175 电流互感器内部故障，存在保护交叉死区；第二种，乙一线 175 线路一次故障，线路保护正确动作，110kV 母差保护区外故障误动作。结合 110kV 乙一线 175 间隔电流互感器高压试验及一次设备通流试验均合格的检修记录，分析可得 110kV 母差保护误动作的可能性较高。

5. 处理参考步骤

（1）阅读并分析报文、检查相关保护和设备。

（2）解除 1 号主变压器两套保护的"投中压侧电压压板"。

（3）发现 110kV 母差保护中"乙一线 175 间隔（SV）投入"压板未投入。

（4）投入 110kV 母差保护中"乙一线 175 间隔（SV）投入"压板。

（5）检查 110kV Ⅰ段母线上所接馈线线路电压均无压（若接有电源联络线，应优先采用外来电源对母线进行充电）。

（6）合上 110kV 母联 17M 断路器对 110kV Ⅰ段母线充电。

（7）冲击正常后依次合上 1 号主变压器 110kV 侧 17A 断路器、乙三线 177 断路器。

（8）投入 1 号主变压器两套保护的"投中压侧电压压板"。

（9）依据调度指令对 110kV 乙一线 175 线路试送电。

6. 案例要点分析

按照 Q/GDW 441—2010《智能变电站继电保护技术规范》规定，对于接入两个及以上 MU 的保护装置应按 MU 设置"MU 投入"，即"SV 接收"软压板。该压板用于在相应间隔退出运行时，逻辑上隔离相应 SV 采样链路，保证检修设备与运行设备的逻辑隔离。常规变电站无该类型压板，因此对于 SV 接收压板的投退原则应在现场运行中重点强调。

本案例中，在 110kV 乙一线 175 间隔检修工作结束送电过程中，将 110kV 母差保护中乙一线 175 间隔的 SV 接收软压板漏投，造成乙一线 175 间隔的 SV 电流采样数据不进入母差保护逻辑运算。若乙一线 175 断路器合闸空充线路正常时，线路仅电容电流，110kV 母差保护差流未达告警值，母差无异常信号。但是，该压板漏投埋下极大隐患，在后期运行过程中该线路发生故障时，一次潮流方向发生变化，所有短路电流流入故障线路，造成母差出现差流，且短路故障使母线电压开放，造成了母差保护误动作，跳开乙一线 175 线路所接母线上的所有间隔及母联断路器。

因此，在检修间隔恢复送电过程中，应注意各智能设备接收该间隔合并单元的"SV 接收"压板是否均已投入，特别注意母线保护接收检修合并单元的 SV 接收软压板是否投入。现场在倒闸操作前，应做好对该类型压板的管控措施，应将该类型压板的遥信状态采集至综自后台及集控系统界面上，在合断路器前应对对应间隔的 SV 接收压板复查一次状态是否正确。

案例处理的要点，应先解除中压侧电压开放对 1 号主变压器保护的影响，然后发现 110kV 乙一线 175 进母差保护的 SV 压板漏投后立即投入，再恢复 110kV Ⅰ 段母线的正常运行，投入 1 号主变压器中压侧电压接收压板，最后保留 175 故障线路，待调度令进行。

案例 2　仿真二变电站 110kV 母联智能终端异常，110kV 线路复役送电中造成 110kV 系统失电压

1. 主接线运行方式

220kV 系统：桥式接线。甲一线 271、甲二线 272、母联 27M 断路器运行。

110kV 系统：双母线接线。乙三线 177、1 号主变压器 110kV 侧 17A 接 Ⅰ 段母线运行；乙二线 176、乙四线 178、2 号主变压器 110kV 侧 17B 接 Ⅱ 段母线运行；母联 17M 断路器运行，乙一线 175 间隔停役。

10kV 系统：单母分段接线。Ⅰ 段母线接配线一 911、1 号电容器 919、2 号电容器 918、3 号电容器 939、4 号电容器 938、1 号站用变压器 910 运行；Ⅱ 段母线接配线二 921、5 号电容器 929、6 号电容器 928、7 号电容器 949、8 号电容器 948、2 号站用变压器 920 运行；母联 97M 热备用。

中性点系统：2 号主变压器 220kV 侧 27B8、2 号主变压器 110kV 侧 17B8、

1 号主变压器 110kV 侧 17A8 合闸；1 号主变压器 220kV 侧 27A8 断开。

2. 保护配置情况

110kV 母线保护配置国电南自 SGB-750，110kV 线路保护配置南瑞继保 PCS-941A、线路重合闸未投入，保护均采用直采直跳方式（除主变压器保护跳母联母分断路器采用组网跳闸方式）。

3. 事故概况

（1）事故概述：110kV 乙一线 175 线路送电前漏投线路保护跳闸出口软压板，110kV 母联 17M 间隔智能终端掉电，110kV 乙一线 175 线路发生相间故障，110kV 乙一线 175 线路保护动作而断路器拒动。

（2）具体报文信息见表 5-2。

表 5-2　　　　　　　　　报 文 信 息

序号	时　间	报 文 信 息
1	09:00:00:000	110kV 母联 17M 智能终端告警
2	09:00:00:000	110kV 母联 17M 智能终端闭锁
3	09:30:00:000	220kV 甲一线 271 线路保护 PCS931AM 保护起动
4	09:30:00:000	220kV 甲一线 271 线路保护 CSC103B 保护起动
5	09:30:00:000	220kV 甲二线 272 线路保护 PCS931AM 保护起动
6	09:30:00:000	220kV 甲二线 272 线路保护 CSC103B 保护起动
7	09:30:00:000	220kV 母联 27M 保护 PCS921G-D 保护起动
8	09:30:00:000	220kV 母联 27M 保护 CSC121AE 保护起动
9	09:30:00:000	1 号主变压器 PCS-978 第一套保护起动
10	09:30:00:000	1 号主变压器 PCS-978 第二套保护起动
11	09:30:00:000	2 号主变压器 PCS-978 第一套保护起动
12	09:30:00:000	2 号主变压器 PCS-978 第二套保护起动
13	09:30:00:000	110kV 母线差动保护电压开放
14	09:30:00:015	110kV 乙一线 175 线路 PCS941A-DM 保护动作
15	09:30:00:015	110kV 乙一线 175 线路 PCS941A-DM 相间距离 I 段动作
16	09:30:01:625	1 号主变压器 PCS-978 第一套中压侧复压方向过电流 1 时限动作
17	09:30:01:625	1 号主变压器 PCS-978 第二套中压侧复压方向过电流 1 时限动作
18	09:30:01:625	2 号主变压器 PCS-978 第一套中压侧复压方向过电流 1 时限动作
19	09:30:01:625	2 号主变压器 PCS-978 第二套中压侧复压方向过电流 1 时限动作

续表

序号	时　间	报　文　信　息
20	09:30:01:627	1 号主变压器 PCS-978 第一套跳中压侧母联 17M 断路器动作
21	09:30:01:627	1 号主变压器 PCS-978 第二套跳中压侧母联 17M 断路器动作
22	09:30:01:627	2 号主变压器 PCS-978 第一套跳中压侧母联 17M 断路器动作
23	09:30:01:627	2 号主变压器 PCS-978 第二套跳中压侧母联 17M 断路器动作
24	09:30:02:125	1 号主变压器 PCS-978 第一套中压侧复压方向过电流 2 时限动作
25	09:30:02:125	1 号主变压器 PCS-978 第二套中压侧复压方向过电流 2 时限动作
26	09:30:02:125	2 号主变压器 PCS-978 第一套中压侧复压方向过电流 2 时限动作
27	09:30:02:125	2 号主变压器 PCS-978 第二套中压侧复压方向过电流 2 时限动作
28	09:30:02:127	1 号主变压器 PCS-978 第一套跳中压侧 17A 断路器动作
29	09:30:02:127	1 号主变压器 PCS-978 第二套跳中压侧 17A 断路器动作
30	09:30:02:127	2 号主变压器 PCS-978 第一套跳中压侧 17B 断路器动作
31	09:30:02:127	2 号主变压器 PCS-978 第二套跳中压侧 17B 断路器动作
32	09:30:02:150	1 号主变压器 110kV 侧 17A 测控跳位—合
33	09:30:02:150	1 号主变压器 110kV 侧 17A 测控合位—分
34	09:30:02:150	2 号主变压器 110kV 侧 17B 测控跳位—合
35	09:30:02:150	2 号主变压器 110kV 侧 17B 测控合位—分
36	09:30:02:300	110kV Ⅰ 段母线电压越限告警
37	09:30:02:300	110kV Ⅰ 段母线计量电压消失
38	09:30:02:300	110kV Ⅱ 段母线电压越限告警
39	09:30:02:300	110kV Ⅱ 段母线计量电压消失
40	09:30:03:000	220kV 甲一线 271 线路保护 PCS931AM 保护起动—复归
41	09:30:03:000	220kV 甲一线 271 线路保护 CSC103B 保护起动—复归
42	09:30:03:000	220kV 甲二线 272 线路保护 PCS931AM 保护起动—复归
43	09:30:03:000	220kV 甲二线 272 线路保护 CSC103B 保护起动—复归
44	09:30:03:000	220kV 母联 27M 保护 PCS921G-D 保护起动—复归
45	09:30:03:000	220kV 母联 27M 保护 CSC121AE 保护起动—复归
46	09:30:03:000	110kV 乙一线 175 保护起动—复归
47	09:30:03:000	1 号主变压器 PCS-978 第一套保护起动—复归
48	09:30:03:000	1 号主变压器 PCS-978 第二套保护起动—复归
49	09:30:03:000	2 号主变压器 PCS-978 第一套保护起动—复归
50	09:30:03:000	2 号主变压器 PCS-978 第二套保护起动—复归

4. 报文分析判断

从报文 1、2 项内容"110kV 母联 17M 智能终端闭锁"、"110kV 母联 17M 智能终端告警"可得知 09:00:00:000 110kV 母联 17M 智能终端出现故障；09:30:00:000 系统出现故障发生各类保护起动。15ms 左右 110kV 乙一线 175 线路相间距离 I 段保护动作。约 1.5s 后 1、2 号两台主变压器双套中压侧复压方向过电流 1 时限保护动作出口跳 110kV 母联 17M 断路器。约 2s 后 1 号主变压器双套中压侧复压方向过电流 2 时限保护动作出口跳 1 号主变压器 110kV 侧 17A 断路器，约 25ms 后 17A 断路器变位分；同时 2s 后 2 号主变压器双套中压侧复压方向过电流 2 时限保护动作出口跳 2 号主变压器 110kV 侧 17B 断路器，约 25ms 后 17B 断路器变位分；最后出现 110kV 系统的失电压信号及相关保护起动复归的信号。事故造成 110kV I、II 段母线失电压，I、II 段母线所接负荷丢失。

通过分析可判断：在 110kV 乙一线 175 线路保护动作后，未见乙一线 175 断路器变位信号，说明乙一线 175 线路发生故障线路保护动作后乙一线 175 断路器未正确跳开，两种原因：一种可能存在于保护侧，保护虽正确动作但未出口，如保护至智能终端链路中断或出口软压板未投等；另一种可能存在于智能终端侧，保护发出口命令而智能终端未收或收到未出口，如智能终端故障、收保护口 GOOSE 断链或出口硬压板未投等原因均有可能。

由于 110kV 乙一线 175 断路器未跳开，故障点持续存在，造成保护越级至系统所接 1、2 号两台主变压器双套中后备保护均动作，其 1 时限均动作于跳母联 17M 断路器，将故障点影响范围缩小，但 110kV 母联 17M 断路器也未正确跳开，其原因分析同上，不做赘述；从而造成中后备保护 2 时限动作跳开各自主变压器的 110kV 侧断路器，最后造成 110kV 系统失电压。

5. 处理参考步骤

（1）阅读并分析报文、检查相关保护和设备。

（2）解除 1 号主变压器两套保护的"投中压侧电压压板"。

（3）解除 2 号主变压器两套保护的"投中压侧电压压板"。

（4）发现 110kV 乙一线 175 线路保护出口软压板未投入。

（5）投入 110kV 乙一线 175 线路保护测控装置跳闸出口软压板。

（6）断开 110kV 乙一线 175、乙三线 177、乙二线 176、乙四线 178 失电压断路器。

（7）合上 110kV 母联 17M 间隔智能终端装置电源，装置恢复正常运行。

（8）断开 110kV 母联 17M 断路器。

（9）检查 110kV Ⅰ 段母线上所接馈线线路电压均无压（若接有电源联络线，应优先采用外来电源对母线进行充电）。

（10）合上 1 号主变压器 110kV 侧 17A 断路器对 110kV Ⅰ 段母线冲击。

（11）冲击正常后投入 1 号主变压器两套保护的"投中压侧电压压板"。

（12）合上 110kV 母联 17M 断路器对 110kV Ⅱ 段母线冲击正常后，合上 2 号主变压器 110kV 侧 17B 断路器。

（13）投入 2 号主变压器两套保护的"投中压侧电压压板"。

（14）合上 110kV 乙三线 177、乙二线 176、乙四线 178 断路器。

（15）依据调度指令对 110kV 乙一线 175 线路试送电。

6. 案例要点分析

110kV 母联 17M 间隔智能终端单套配置，接收主变压器保护第一套 A 网、第二套 B 网的 GOOSE 跳闸信息，典型设计中该跳闸信息通过 GOOSE 组网 A、B 接收。故在实际运行过程中 110kV 及以下电压等级的母联间隔智能终端掉电或发生组网 GOOSE 断链时应引起重视，若短时无法恢复该缺陷且母联断路器在运行时，应汇报调度申请调整系统运行方式将母联断路器断开，以防事故扩大。

线路保护出口 GOOSE 软压板未投入，其保护虽能正确动作，但无法将 GOOSE 跳闸命令发送至智能终端。所以在线路发生故障时，断路器无法跳闸，保护将会越级由主变压器中后备保护动作，其第一时限跳开母联断路器，第二时限跳开本侧断路器。

案例 3　仿真二变电站误退 110kV 线路间隔智能终端跳合闸出口

1. 主接线运行方式

220kV 系统：桥式接线。甲一线 271、甲二线 272、母联 27M 断路器运行。

110kV 系统：双母线接线。乙一线 175、乙三线 177、1 号主变压器 110kV 侧 17A 接 Ⅰ 段母线运行；乙二线 176、乙四线 178、2 号主变压器 110kV 侧 17B 接 Ⅱ 段母线运行；母联 17M 断路器运行。

10kV 系统：单母分段接线。Ⅰ 段母线接配线一 911、1 号电容器 919、2 号电容器 918、3 号电容器 939、4 号电容器 938、1 号站用变压器 910 运行；Ⅱ 段母线接配线二 921、5 号电容器 929、6 号电容器 928、7 号电容器 949、8 号电容器 948、2 号站用变压器 920 运行；母联 97M 热备用。

中性点系统：2 号主变压器 220kV 侧 27B8、2 号主变压器 110kV 侧 17B8、1 号主变压器 110kV 侧 17A8 合闸；1 号主变压器 220kV 侧 27A8 断开。

2. 保护配置情况

110kV 母线保护配置国电南自 SGB-750，110kV 线路保护配置南瑞继保 PCS-941A、线路重合闸未投入，保护均采用直采直跳方式。

3. 事故概况

（1）事故概述：110kV 乙一线 175（电厂联络线）运行过程中出现"乙一线 175 线路保护测控 PCS941A–DM 装置闭锁"信号，调令退出乙一线 175 线路保护，现场在后台无法遥控装置保护跳合闸出口软压板的情况下，沿用常规站操作方式退出了智能终端跳合闸出口硬压板；此时乙一线 175 线路所接母线发生故障，母差保护动作后无法跳开乙一线 175 断路器，待乙一线 175 线路对侧后备段动作后切除故障点。

（2）具体报文信息见表 5–3。

表 5–3　　　　　　　　　报　文　信　息

序号	时　间	报　文　信　息
1	09:00:00:000	110kV 乙一线 175 保护测控 PCS941A–DM 保护 DSP 内存出错
2	09:00:00:000	110kV 乙一线 175 线路保护测控 PCS941A–DM 装置告警
3	09:00:00:000	110kV 乙一线 175 线路保护测控 PCS941A–DM 装置闭锁
4	09:30:00:000	220kV 甲一线 271 线路保护 PCS931AM 保护起动
5	09:30:00:000	220kV 甲一线 271 线路保护 CSC103B 保护起动
6	09:30:00:000	220kV 甲二线 272 线路保护 PCS931AM 保护起动
7	09:30:00:000	220kV 甲二线 272 线路保护 CSC103B 保护起动
8	09:30:00:000	220kV 母联 27M 保护 PCS921G–D 保护起动
9	09:30:00:000	220kV 母联 27M 保护 CSC121AE 保护起动
10	09:30:00:000	1 号主变压器 PCS-978 第一套保护起动
11	09:30:00:000	1 号主变压器 PCS-978 第二套保护起动
12	09:30:00:000	2 号主变压器 PCS-978 第一套保护起动
13	09:30:00:000	2 号主变压器 PCS-978 第二套保护起动
14	09:30:00:000	110kV 母线差动保护电压开放
15	09:30:00:015	110kV SGB750 母差保护 I 母差动保护动作
16	09:30:00:015	110kV 母线保护事故总信号

续表

序号	时　间	报　文　信　息
17	09:30:00:045	110kV 母线保护 110kV 母联 17M 跳闸
18	09:30:00:045	110kV 母线保护 1 号主变压器 110kV 侧 17A 跳闸
19	09:30:00:045	110kV 母线保护 110kV 乙一线 175 跳闸
20	09:30:00:045	110kV 母线保护 110kV 乙三线 177 跳闸
21	09:30:00:045	110kV 乙三线 177 保护测控跳位一合
22	09:30:00:045	110kV 乙三线 177 保护测控合位一分
23	09:30:00:045	110kV 母联 17M 保护测控跳位一合
24	09:30:00:045	110kV 母联 17M 保护测控合位一分
25	09:30:00:045	1 号主变压器 110kV 侧 17A 测控跳位一合
26	09:30:00:045	1 号主变压器 110kV 侧 17A 测控合位一分
27	09:30:00:570	220kV 甲一线 271 线路保护 PCS931AM 保护起动一复归
28	09:30:00:570	220kV 甲一线 271 线路保护 CSC103B 保护起动一复归
29	09:30:00:570	220kV 甲二线 272 线路保护 PCS931AM 保护起动一复归
30	09:30:00:570	220kV 甲二线 272 线路保护 CSC103B 保护起动一复归
31	09:30:00:570	220kV 母联 27M 保护 PCS921G-D 保护起动一复归
32	09:30:00:570	220kV 母联 27M 保护 CSC121AE 保护起动一复归
33	09:30:00:570	110kV 乙一线 175 保护起动一复归
34	09:30:00:570	1 号主变压器 PCS-978 第一套保护起动一复归
35	09:30:00:570	1 号主变压器 PCS-978 第二套保护起动一复归
36	09:30:00:570	2 号主变压器 PCS-978 第一套保护起动一复归
37	09:30:00:570	2 号主变压器 PCS-978 第二套保护起动一复归
38	09:30:00:570	110kV 母线差动保护起动一复归
39	09:30:00:570	110kV SGB750 母差保护 I 母差动保护动作一复归

4. 报文分析判断

从报文 1～3 项内容"110kV 乙一线 175 保护测控 PCS941A-DM 保护 DSP 内存出错"、"110kV 乙一线 175 线路保护测控 PCS941A-DM 装置告警"、"110kV 乙一线 175 线路保护测控 PCS941A-DM 装置闭锁"可得知，09:00:00:000 110kV 乙一线 175 线路保护测控装置出现故障；09:30:00:000 也就是在进行乙一线 175 线路保护测控装置故障处理，退出 175 间隔智能终端的硬出口压板后，系统出现故障发生各类保护起动；15ms 左右 110kV 母线 I 母差动保护动作；约 30ms 后母联 17M 断路器、1 号主变压器 110kV 侧 17A 断路器、乙三线 177 断路器跳闸，未跳开乙一线 175 断路器；约 500ms 后相关保护起动信号复归。

通过分析可判断：在 110kV 乙一线 175 线路保护发生闭锁故障，在装置重启前，采用退出乙一线 175 间隔智能终端硬出口的措施进行，从而造成 110kV I 段母线发生故障时，乙一线 175 断路器未能正确跳开，由于 175 线路为电厂联络线，造成对侧 II 段后备保护动作，增加故障切除时间，对系统的稳定运行造成影响。

5. 处理参考步骤

（1）阅读并分析报文、检查相关保护和设备。

（2）解除 1 号主变压器两套保护的"投中压侧电压压板"。

（3）发现 110kV I 母母差保护动作后 110kV 乙一线 175 断路器未跳开原因为：乙一线 175 间隔智能终端跳闸出口硬压板被退出。

（4）现场查找 110kV I 母母差保护范围内的一次设备，用测温仪测温时发现 110kV I 段母线避雷器元件 GIS 外桶壁温度较其他间隔高出许多，可判定母线故障点存在于 110kV I 段母线避雷器处。

（5）将 110kV I 段母线 TV 17M5 隔离开关断开，隔离 110kV I 段母线避雷器故障点。

（6）断开 110kV 乙一线 175 线路断路器，投入 110kV 乙一线 175 间隔智能终端出口硬压板。

（7）重启 110kV 乙一线 175 线路保护装置后，装置运行正常。

（8）检查 110kV I 段母线上所接馈线线路电压均无压（若接有电源联络线，应优先采用外来电源对母线进线充电）。

（9）投入 110kV 母联 17M 断路器过电流充电保护，合上母联 17M 断路器对 110kV I 段母线充电。

（10）冲击正常后，退出母联 17M 断路器过电流充电保护。

（11）将 110kV 母线 TV 合并单元并列切换把手切换至"I 母强制 II 母"位置，并检查 110kV I 段母线电压显示正常。

（12）依次合上 1 号主变压器 110kV 侧 17A、乙三线 177、乙一线 175 断路器。

（13）投入 1 号主变压器两套保护的"投中压侧电压压板"。

6. 案例要点分析

本案例中，110kV 乙一线 175 运行过程中出现"乙一线 175 线路保护测控

PCS941A–DM 装置闭锁"、"乙一线 175 线路保护测控 PCS941A–DM 装置告警"及 "110kV 乙一线 175 保护测控 PCS941A–DM 保护 DSP 内存出错"信号。此时乙一线 175 线路保护 MMS 网通信中断,已无法通过远方进行装置软压板的操作(运维人员不得在装置内部进行软压板的投退操作),运维人员擅自使用解除 110kV 乙一线 175 间隔智能终端跳合闸出口硬压板的方式退出 110kV 乙一线 175 线路保护,造成在母差保护动作时无法跳开乙一线 175 断路器。

　　智能化变电站智能终端的出口硬压板与常规变电站保护装置的出口硬压板有着本质的区别:智能终端出口硬压板是针对所有继电保护或自动装置在动作后作用于跳合该开关而设计的电气回路上总出口硬压板,而常规站保护装置出口硬压板是针对单一继电保护或自动装置动作后作用于跳合该断路器的出口硬压板;出口硬压板在智能变电站中是对应于某个断路器,而常规变电站中是对应于某套保护。因此,在常规变电站中解除单一继电保护的操作可以通过解除出口硬压板的方式进行操作;而对于智能站的解除单一继电保护的操作不得使用该方式进行,否则将会造成其他与之联络的继电保护或自动装置相关出口功能丢失。

　　线路保护在发生故障闭锁时,无法通过退出出口软压板方式进行退出保护操作时,重启保护时应采用保护装置检修态的方式进行安全措施布置,在重启前投入保护装置的"置检修状态压板",在重启保护装置,保护装置重启正常后,检查保护装置无相关异常信号后,方可退出保护装置的"置检修状态压板"。

　　案例处理的要点:应先解除中压侧电压开放对 1 号主变压器保护的影响;然后现场检查故障点,发现 110kV Ⅰ段母线故障点在避雷器处,断开母线 TV 隔离断路器隔离故障点;然后对 110kV Ⅰ段母线送电,送电正常后由于Ⅰ段母线 TV 无法投入运行,所以需将 TV 并列开关切至"Ⅰ母强制Ⅱ母"位置;检查Ⅰ母电压正常后,恢复 1 号主变压器 110kV 侧 17A、乙三线 177、乙一线 175 断路器运行;最后投入 1 号主变压器中压侧电压接收压板。

案例 4　仿真三变电站主变压器单套保护运行,10kV 备自投组网 GOOSE 断链

1. 主接线运行方式

　　110kV 系统:扩大桥式接线。乙一线 191 断路器送Ⅰ段母线,乙二线 193 断路器送Ⅱ、Ⅲ段母线,Ⅰ、Ⅱ段母联 19M 断路器热备用,Ⅱ、Ⅲ段母联 19K 断路器运行,1、3 号主变压器均在运行,备用线 192 暂未投运。

10kV 系统：单母四分段接线。1 号主变压器 10kV 侧 99A 断路器接 Ⅰ 段母线、99D 断路器接 Ⅱ 段母线，3 号主变压器 10kV 侧 99C 断路器接Ⅳ段母线运行、99F 断路器接 Ⅴ 段母线运行，10kV Ⅰ、Ⅵ 段母联 99W 断路器，10kV Ⅱ、Ⅴ段母联 99M 断路器在热备用，所有电容器由 AVC 控制，1、2 号站用变压器转运行。

中性点系统：3 号主变压器 110kV 侧 19C8、1 号主变压器 110kV 侧 19A8 断开。

2. 保护配置情况

110kV 线路未配置保护，110kV 桥断路器配置江苏金智 iPACS–5762D 保护测控装置，1、3 号主变压器配置双套江苏金智 iPACS–5941D 电量保护，10kV 备自投配置江苏金智 iPACS—5763D 保护测控装置。全站 GOOSE 及 SV 未组网，均采用直采直跳方式。

3. 事故概况

（1）事故概述：1 号主变压器第二套保护退出进行盘内检修工作，在检修工作期间发生"10kV Ⅰ～Ⅵ 母备自投接收 1 号主变压器第一套保护 GOOSE 中断"信号，随后 10kV Ⅰ 段母线发生相间短路故障。

（2）具体报文信息见表 5–4。

表 5–4   报 文 信 息

序号	时 间	报 文 信 息
1	09:00:00:000	10kV Ⅰ～Ⅵ母备自投装置报警
2	09:00:00:000	10kV Ⅰ～Ⅵ母备自投接收 1 号主变压器第一套保护 GOOSE 中断
3	10:00:00:010	1 号主变压器保护（Ⅰ套）低压侧复压动作
4	10:00:00:410	火灾报警动作
5	10:00:01:410	1 号主变压器保护（Ⅰ套）保护动作
6	10:00:01:410	1 号主变压器保护（Ⅰ套）低一侧复压过电流 1 时限动作（1 号主变压器侧分支一 99A）
7	10:00:01:710	1 号主变压器保护（Ⅰ套）低一侧复压过电流 2 时限动作（1 号主变压器侧分支一 99A）
8	10:00:01:748	1 号主变压器 10kV 侧 99A 断路器分位—合
9	10:00:01:748	1 号主变压器 10kV 侧 99A 断路器合位—分
10	10:00:01:820	10kV Ⅰ 母计量电压消失

续表

序号	时　间	报　文　信　息
11	10:00:01:820	10kV Ⅰ母电压越限
12	10:00:04:820	10kV Ⅰ～Ⅵ母备自投跳电源1（1号主变压器10kV侧99A）
13	10:00:04:830	10kV Ⅰ～Ⅵ母备自投合分段（10kV Ⅰ～Ⅵ段母分99W）
14	10:00:04:865	10kV Ⅰ～Ⅵ段母分99W断路器合位—合
15	10:00:04:865	10kV Ⅰ～Ⅵ段母分99W断路器分位—分
16	10:00:04:879	2号主变压器保护Ⅰ套低压侧复压起动
17	10:00:04:879	2号主变压器保护Ⅱ套低压侧复压起动
18	10:00:04:879	10kV Ⅰ～Ⅵ母备自投过电流加速动作
19	10:00:05:095	10kV Ⅰ～Ⅵ段母分99W断路器合位—分
20	10:00:05:095	10kV Ⅰ～Ⅵ段母分99W断路器分位—合
21	10:00:05:150	2号主变压器保护Ⅰ套低压侧复压起动—复归
22	10:00:05:150	2号主变压器保护Ⅱ套低压侧复压起动—复归
23	10:00:05:150	10kV Ⅰ母计量电压消失
24	10:00:05:150	10kV Ⅰ母电压越限

4. 报文分析判断

从报文 1～2 项内容"10kV Ⅰ～Ⅵ母备自投装置报警"、"10kV Ⅰ～Ⅵ母备自投接收 1 号主变压器第一套保护 GOOSE 中断"可得知 09:00:00:000 10kV Ⅰ、Ⅵ母备自投接收 1 号主变压器第一套保护 GOOSE 链路发生断链；10:00:00:010 也就是在进行 10kV Ⅰ、Ⅵ母备自投接收 1 号主变压器第一套保护 GOOSE 断链故障处理的过程中，系统出现故障，1 号主变压器低压侧复压动作开放；约 1.4s 后 1 号主变压器第一套低压侧复压过电流 1 时限保护动作出口跳母联 99W 断路器（99W 开关故障前已在分位），同时伴有火灾报警动作信号。约 1.7s 后 1 号主变压器第一套低压侧复压过电流 2 时限保护动作出口跳 99A 断路器，约 35ms 后 99A 断路器变位分；10kV Ⅰ母失电压后 3s 备自投动作出口跳 99A 断路器，约 10ms 备自投动作于合 99W 断路器，35ms 后 99W 断路器变位合；20ms 后备自投过电流加速动作出口跳 99W 断路器。事故造成 10kV Ⅰ段母线失电压，Ⅰ段母线所接负荷丢失。

通过分析可判断：10kV Ⅰ、Ⅵ母备自投接收 1 号主变压器第一套保护

GOOSE 链路发生断链，且 1 号主变压器第二套保护处退出状态，此时 10kV Ⅰ、Ⅵ母备自投接收 1 号主变压器双套保护低后备动作闭锁低压侧备自投的功能已失去。在处理链路断链故障的过程中，1 号主变压器低后备复压过电流保护 1、2 时限动作，1 号主变压器 10kV 侧 99A 断路器分位后，10kV Ⅰ 段母线失电压且 99A 断路器无流，10kV Ⅰ、Ⅵ母备自投方式 3 满足动作条件，第一时限跳 99A 断路器，备自投装置收到 99A 断路器分位后不经延时动作合分段 99W 断路器，由于故障点仍然存在，使 99W 断路器合于故障由备自投装置自带过电流加速保护动作跳开 99W 断路器，使 3 号主变压器遭受近区短路电流冲击。

1 号主变压器低后备复压过电流动作且未见 10kV Ⅰ 段母线上所接间隔保护有动作行为，分析认为 10kV Ⅰ 段母线上所接间隔保护拒动或断路器拒动而引起 1 号主变压器低后备越级动作的可能性较小。故障点最大的可能性应存在于 10kV Ⅰ 段母线上。

5. 处理参考步骤

（1）阅读并分析报文、检查相关保护和设备。

（2）现场查找 10kV 断路器室时，发现室内有着火冒烟现象。

（3）打开 10kV 断路器室内排气扇，戴好防毒面具后用灭火装置将明火扑灭。

（4）发现着火点存在于 10kV Ⅰ母 TV 柜内。

（5）迅速做好 10kV Ⅰ母 TV 柜故障的抢修工作，及时恢复 10kV Ⅰ 段母线上的供电负荷。

6. 案例要点分析

本案例中，10kV 备自投接入 GOOSE A、B 网，从 A、B 网上各自接收主变压器第一、二套低后备保护动作闭锁备投的命令，当备自投装置从双网接收主变压器保护闭锁备投 GOOSE 链路均发生异常时，应及时将备自投退出，否则在发生故障时将引起备自投的误动作。若备自投方式 3、方式 4 功能可单独投退者，仅需退出备自投方式 3 功能，可保留方式 4 一半的备自投正常运行。

本案例中备自投接收 1 号主变压器第一套 GOOSE 断链故障时，且 1 号主变压器第二套保护退出运行，此时主变压器保护低后备动作闭锁备投的功能已失去，所以在处理备自投断链故障时应先将备自投装置退出运行，待 GOOSE 链路恢复正常后，再投入备自投正常运行。

案例 5 仿真一变电站 220kV 单套母差保护运行，母联智能终端故障

1. 主接线运行方式

220kV 系统：双母线接线。甲一线 261、1 号主变压器 220kV 侧 26A 接 Ⅰ 段母线运行；甲二线 264、2 号主变压器 220kV 侧 26B 接 Ⅱ 段母线运行；母联 26M 断路器运行。

110kV 系统：双母线接线。乙一线 161、1 号主变压器 110kV 侧 16A 接 Ⅰ 段母线运行；乙二线 164、2 号主变压器 110kV 侧 16B 接 Ⅱ 段母线运行；母联 16M 断路器运行。

10kV 系统：单母分段接线。Ⅰ 段母线接配线一 611、配线二 612、1 号电容器 619、2 号电容器 618、3 号电容器 639、1 号站用变压器 610 运行；Ⅱ 段母线接配线三 621、配线四 622、4 号电容器 629、5 号电容器 628、6 号电容器 649、2 号站用变压器 620 运行；母联 66M 热备用。

中性点系统：2 号主变压器 220kV 侧 26B8、2 号主变压器 110kV 侧 16B8、1 号主变压器 110kV 侧 16A8 合闸；1 号主变压器 220kV 侧 26A8 断开。

2. 保护配置情况

1、2 号主变压器均配置双套国电南自 PST–1200 保护装置，220kV 线路配置一套国电南自 PSL–603U 电流差动保护装置、一套南京南瑞 PCS–902 高频距离保护装置，220kV 母线配置双套南瑞 PCS–915 母线保护装置，220kV 母联配置双套南瑞 PCS–923 断路器保护装置。保护采用直采直跳方式，220kV 系统 GOOSE 双网配置，A、B 双网独立。

3. 事故概况

（1）事故概述：220kV 第二套母差保护退出进行盘内检修工作，在检修工作期间发生"220kV 母联第一套智能终端装置闭锁"信号，随后 220kV Ⅰ 段母线发生短路故障，造成仿真一变电站全站失电压。

（2）具体报文信息见表 5–5。

表 5–5 报 文 信 息

序号	时 间	报 文 信 息
1	09:00:00:000	220kV 母联 26M 操作箱 Ⅰ 套装置闭锁
2	09:30:00:000	220kV 甲一线 261 线路 902 保护起动

序号	时　间	报　文　信　息
3	09:30:00:000	220kV 甲一线 261 线路 603 保护起动
4	09:30:00:000	220kV 甲二线 264 线路 902 保护起动
5	09:30:00:000	220kV 甲二线 264 线路 603 保护起动
6	09:30:00:000	1 号主变压器 PST-1200 第一套保护起动
7	09:30:00:000	1 号主变压器 PST-1201 第二套保护起动
8	09:30:00:000	1 号主变压器 PST-1200 第二套保护起动
9	09:30:00:000	2 号主变压器 PST-1202 第二套保护起动
10	09:30:00:000	220kV PCS915 母差保护 I 套 I 母电压闭锁开放
11	09:30:00:000	220kV PCS915 母差保护 I 套 II 母电压闭锁开放
12	09:30:00:015	220kV PCS915 母差保护 I 套变化量差动跳 I 母
13	09:30:00:018	220kV PCS915 母差保护 I 套稳态量差动跳 I 母
14	09:30:00:020	220kV PCS915 母差保护 I 套差动跳母联
15	09:30:00:045	220kV 甲一线 261 断路器 A 相分位—合
16	09:30:00:045	220kV 甲一线 261 断路器 B 相分位—合
17	09:30:00:045	220kV 甲一线 261 断路器 C 相分位—合
18	09:30:00:045	220kV 甲一线 261 断路器 A 相合位—分
19	09:30:00:045	220kV 甲一线 261 断路器 B 相合位—分
20	09:30:00:045	220kV 甲一线 261 断路器 C 相合位—分
21	09:30:00:045	1 号主变压器 220kV 侧 26A 断路器分位—合
22	09:30:00:045	1 号主变压器 220kV 侧 26A 断路器合位—分
23	09:30:00:225	220kV PCS915 母差保护（I 套）I 母失灵
24	09:30:00:228	220kV PCS915 母差保护（I 套）I 母失灵跳母联
25	09:30:00:250	220kV 甲二线 264 断路器 A 相分位—合
26	09:30:00:250	220kV 甲二线 264 断路器 B 相分位—合
27	09:30:00:250	220kV 甲二线 264 断路器 C 相分位—合
28	09:30:00:250	220kV 甲二线 264 断路器 A 相合位—分
29	09:30:00:250	220kV 甲二线 264 断路器 B 相合位—分
30	09:30:00:250	220kV 甲二线 264 断路器 C 相合位—分
31	09:30:00:250	2 号主变压器 220kV 侧 26B 断路器分位—合

序号	时　间	报 文 信 息
32	09:30:00:250	2 号主变压器 220kV 侧 26B 断路器合位—分
33	09:30:01:000	220kV Ⅰ 母计量电压消失
34	09:30:01:000	220kV Ⅰ 母电压越限
35	09:30:01:000	220kV Ⅱ 母计量电压消失
36	09:30:01:000	220kV Ⅱ 母电压越限
37	09:30:01:000	110kV Ⅰ 母计量电压消失
38	09:30:01:000	110kV Ⅰ 母电压越限
39	09:30:01:000	110kV Ⅱ 母计量电压消失
40	09:30:01:000	110kV Ⅱ 母电压越限
41	09:30:01:000	10kV Ⅰ 母计量电压消失
42	09:30:01:000	10kV Ⅰ 母电压越限
43	09:30:01:000	10kV Ⅱ 母计量电压消失
44	09:30:01:000	10kV Ⅱ 母电压越限
45	09:30:01:000	220kV 甲一线 261 线路 902 保护起动—复归
46	09:30:01:000	220kV 甲一线 261 线路 603 保护起动—复归
47	09:30:01:000	220kV 甲二线 264 线路 902 保护起动—复归
48	09:30:01:000	220kV 甲二线 264 线路 603 保护起动—复归
49	09:30:01:000	1 号主变压器 PST-1200 第一套保护起动—复归
50	09:30:01:000	1 号主变压器 PST-1201 第二套保护起动—复归
51	09:30:01:000	1 号主变压器 PST-1200 第二套保护起动—复归
52	09:30:01:000	2 号主变压器 PST-1202 第二套保护起动—复归

4. 报文分析判断

从报文第 1 项内容"220kV 母联 26M 操作箱（Ⅰ套）装置闭锁"可得知
09:00:00:000 220kV 母联 26M 间隔第一套智能终端发生故障，闭锁装置运行；
09:30:00:010 系统出现故障，相关保护出现起动信号；约 15ms 后 220kV 第一套
母差保护Ⅰ母差动保护动作出口，约 25ms 后 220kV 甲一线 261、1 号主变压器
220kV 侧 26A 断路器同时跳开出现变位信号；约 200ms 后 220kV 第一套母差
保护Ⅰ母失灵保护动作出口，约 25ms 后 220kV 甲二线 264、2 号主变压器 220kV

侧 26B 断路器同时跳开出现变位信号；随后 220kV、110kV 及 10kV 系统出现失电压信号。

通过分析可判断：在 220kV 第二套母差保护退出运行进行盘内试验工作期间，220kV 母线仅剩第一套母差保护在运行，而由于 220kV 母联 26M 断路器出现第一套智能终端闭锁信号，造成 220kV 母线保护出口跳母联 26M 断路器的功能均失去，所以在 220kV Ⅰ 段母线发生故障时，Ⅰ 段母线母差动作后无法跳开母联 26M 断路器，而后由母联 26M 断路器失灵保护动作，切除 220kV Ⅱ 段母线上所接间隔，将故障点隔离。

5. 处理参考步骤

（1）阅读并分析报文、检查相关保护和设备。

（2）断开全站失电压断路器，现场手动断开 220kV 母联 26M 断路器。

（3）现场检查 220kV Ⅰ 母母差保护范围内的一次设备，用测温仪测温时发现 220kV Ⅰ 段母线 GIS 第二节外桶壁温度较其他间隔高出许多，可判定母线故障点存在于 220kV Ⅰ 段母线本体处。

（4）将 1 号主变压器 220kV 侧 26A 断路器及甲一线 261 断路器倒至 Ⅱ 段母线热备用。

（5）利用 220kV 甲二线 264 线路对 220kV Ⅱ 段母线及 26A、261 间隔靠母线侧刀闸进行冲击。

（6）冲击正常后，合上 2 号主变压器 220kV 侧 26B 断路器恢复 2 号主变压器空载运行。

（7）合上 2 号主变压器 110kV 侧 16B 断路器恢复 110kV Ⅱ 段母线运行，再合上 110kV 母联 16M 断路器，恢复 110kV Ⅰ 段母线运行；此时可恢复重要 110kV 馈线。

（8）合上 2 号主变压器 10kV 侧 66B 断路器恢复 10kV Ⅱ 段母线运行，再合上 10kV 母联 66M 断路器，恢复 10kV Ⅰ 段母线运行，恢复站用变压器系统正常运行；此时可恢复重要 10kV 馈线。

（9）恢复 1 号主变压器正常运行；恢复其他 110kV 及 10kV 馈线的正常运行。

（10）依次合上 1 号主变压器 110kV 侧 17A 断路器、乙三线 177 断路器。

6. 案例要点分析

Q/GDW 441—2010《智能变电站继电保护技术规范》规定，"220kV 及以上电压等级的继电保护及与之相关的设备、网络等应按照双重化原则进行配置"

其保护、合并单元、智能终端等均相互独立、一一对应。

本案例中，220kV 系统采用 GOOSE 双网配置，220kV 第二套母线保护退出运行期间，220kV 母线仅剩第一套母线保护在运行，而由于 220kV 母联第一套智能终端发生故障闭锁，造成 220kV 母线保护动作出口跳 220kV 母联断路器的功能均失去，220kV 母线发生故障时，母差动作后无法跳开母联 26M 断路器，由母联 26M 断路器失灵保护动作，切除 220kV 另一段母线上所接间隔。该案例中在发生 220kV 母联第一套智能终端故障闭锁时，应第一时间向调度申请重新安排 220kV 系统运行方式，将 220kV 母联 26M 断开，以防造成故障后停电范围扩大。

从该案例可知，在智能化变电站中进行检修计划安排时，应避开双网设备交叉安排检修工作，以免在系统发生故障时造成保护的越级动作，扩大停电范围。

案例 6　仿真二变电站主变压器 110kV 侧间隔第一套智能终端故障

1. 主接线运行方式

220kV 系统：桥式接线。甲一线 271、甲二线 272、母联 27M 断路器运行。

110kV 系统：双母线接线。乙一线 175、乙三线 177、1 号主变压器 110kV 侧 17A 接Ⅰ段母线运行；乙二线 176、乙四线 178、2 号主变压器 110kV 侧 17B 接Ⅱ段母线运行；母联 17M 断路器运行。

10kV 系统：单母分段接线。Ⅰ段母线接配线一 911、1 号电容器 919、2 号电容器 918、3 号电容器 939、4 号电容器 938、1 号站用变压器 910 运行；Ⅱ段母线接配线二 921、5 号电容器 929、6 号电容器 928、7 号电容器 949、8 号电容器 948、2 号站用变压器 920 运行；母联 97M 热备用。

中性点系统：2 号主变压器 220kV 侧 27B8、2 号主变压器 110kV 侧 17B8、1 号主变压器 110kV 侧 17A8 合闸；1 号主变压器 220kV 侧 27A8 断开。

2. 保护配置情况

1、2 号主变压器保护配置南瑞继保 PCS-978，110kV 母线保护配置国电南自 SGB-750，110kV 线路保护配置南瑞继保 PCS-941A，保护均采用直采直跳方式。

3. 事故概况

（1）事故起因：1 号主变压器 110kV 侧 17A 间隔出现"17A 间隔第一套智能终端装置闭锁"信号，此时 1 号主变压器 110kV 侧 17A 断路器所接母线发生故障，母差保护动作后无法跳开 1 号主变压器 110kV 侧 17A 断路器，待 1 号主变压器中后备保护动作后跳开 17A 断路器后，切除故障点。

（2）具体报文信息见表 5-6。

表5-6		报 文 信 息
序号	时　间	报　文　信　息
1	09:00:00:000	1 号主变压器 110kV 侧 17A 间隔第一套智能终端装置闭锁
2	09:00:00:000	1 号主变压器 110kV 侧 17A 第一套智能终端装置 GOOSE 总告警
3	09:00:00:000	1 号主变压器 110kV 侧测控接收 110kV 侧第一套智能终端 GOOSE 中断
4	09:00:00:000	1 号主变压器 PCS-978 第一套保护告警
5	09:00:00:000	1 号主变压器 PCS-978 第一套保护接收第一套智能终端 GOOSE 断链
6	09:00:00:000	110kV 母差保护告警
7	09:00:00:000	110kV 母差保护接收 17A 间隔智能终端 GOOSE 断链
8	09:30:00:000	220kV 甲一线 271 线路保护 PCS931AM 保护起动
9	09:30:00:000	220kV 甲一线 271 线路保护 CSC103B 保护起动
10	09:30:00:000	220kV 甲二线 272 线路保护 PCS931AM 保护起动
11	09:30:00:000	220kV 甲二线 272 线路保护 CSC103B 保护起动
12	09:30:00:000	220kV 母联 27M 保护 PCS921G-D 保护起动
13	09:30:00:000	220kV 母联 27M 保护 CSC121AE 保护起动
14	09:30:00:000	1 号主变压器 PCS-978 第一套保护起动
15	09:30:00:000	1 号主变压器 PCS-978 第二套保护起动
16	09:30:00:000	2 号主变压器 PCS-978 第一套保护起动
17	09:30:00:000	2 号主变压器 PCS-978 第二套保护起动
18	09:30:00:000	110kV 母线差动保护电压开放
19	09:30:00:015	110kV SGB750 母差保护 I 母差动保护动作
20	09:30:00:015	110kV 母线保护事故总信号
21	09:30:00:045	110kV 母线保护 110kV 母联 17M 跳闸
22	09:30:00:045	110kV 母线保护 1 号主变压器 110kV 侧 17A 跳闸
23	09:30:00:045	110kV 母线保护 110kV 乙一线 175 跳闸
24	09:30:00:045	110kV 母线保护 110kV 乙三线 177 跳闸
25	09:30:00:045	110kV 乙三线 177 保护测控跳位—合
26	09:30:00:045	110kV 乙三线 177 保护测控合位—分

序号	时　间	报 文 信 息
27	09:30:00:045	110kV 母联 17M 保护测控跳位—合
28	09:30:00:045	110kV 母联 17M 保护测控合位—分
29	09:30:00:045	110kV 乙一线 175 保护测控跳位—合
30	09:30:00:045	110kV 乙一线 175 保护测控合位—分
31	09:30:01:545	1 号主变压器 PCS–978 第一套中压侧复压方向过电流 1 时限动作
32	09:30:01:545	1 号主变压器 PCS–978 第二套中压侧复压方向过电流 1 时限动作
33	09:30:02:145	1 号主变压器 PCS–978 第一套中压侧复压方向过电流 2 时限动作
34	09:30:02:145	1 号主变压器 PCS–978 第二套中压侧复压方向过电流 2 时限动作
35	09:30:02:155	1 号主变压器 110kV 侧 17A 事故总信号
36	09:30:02:185	1 号主变压器 110kV 侧 17A 测控跳位—合
37	09:30:02:185	1 号主变压器 110kV 侧 17A 测控合位—分
38	09:30:02:500	110kV Ⅰ段母线电压越限告警
39	09:30:02:500	110kV Ⅰ段母线计量电压消失
40	09:30:05:070	220kV 甲一线 271 线路保护 PCS931AM 保护起动—复归
41	09:30:05:070	220kV 甲一线 271 线路保护 CSC103B 保护起动—复归
42	09:30:05:070	220kV 甲二线 272 线路保护 PCS931AM 保护起动—复归
43	09:30:05:070	220kV 甲二线 272 线路保护 CSC103B 保护起动—复归
44	09:30:05:070	220kV 母联 27M 保护 PCS921G–D 保护起动—复归
45	09:30:05:070	220kV 母联 27M 保护 CSC121AE 保护起动—复归
46	09:30:05:070	1 号主变压器 PCS–978 第一套保护起动—复归
47	09:30:05:070	1 号主变压器 PCS–978 第二套保护起动—复归
48	09:30:05:070	2 号主变压器 PCS–978 第一套保护起动—复归
49	09:30:05:070	2 号主变压器 PCS–978 第二套保护起动—复归
50	09:30:05:070	110kV SGB750 母差保护 Ⅰ母差动保护动作—复归

4. 报文分析判断

从报文第 1～7 项内容,"1 号主变压器 110kV 侧 17A 间隔第一套智能终端装置闭锁"及一些相关 GOOSE 链路通信中断的信号,可得知 09:00:00:000 1 号主变压器 110kV 侧 17A 间隔第一套智能终端装置出现故障;09:30:00:000 也就是在进行 17A 间隔智能终端装置故障处理,退出 17A 间隔第一套智能终端的硬出口压板后，系统出现故障发生各类保护起动；15ms 左右 110kV Ⅰ 段母线差动保护动作；约 30ms 后母联 17M 断路器、乙一线 175 断路器、乙三线 177 断路器跳闸，未跳开 1 号主变压器 110kV 侧 17A 断路器；1.5s 后 1 号主变压器双套中压侧复压方向过电流 1 时限保护动作出口跳母联 17M 断路器（17M 断路器已跳开）；2s 后 1 号主变压器双套中压侧复压方向过电流 2 时限保护动作出口跳 1 号主变压器 110kV 侧 17A 断路器，40ms 后 17A 断路器变位分，随后相关保护起动信号复归。

通过分析可判断：在 1 号主变压器 110kV 侧 17A 间隔第一套智能终端发生闭锁故障，在进行装置故障处理的过程中，110kV Ⅰ 段母线发生故障时，1 号主变压器 110kV 侧 17A 断路器未能跳开，造成 1 号主变压器双套中压侧复压方向过电流 2 时限保护动作出口跳 1 号主变压器 110kV 侧 17A 断路器后，才将故障点切除。

5. 处理参考步骤

（1）阅读并分析报文、检查相关保护和设备。

（2）解除 1 号主变压器两套保护的"投中压侧电压压板"。

（3）发现 110kV Ⅰ 母母差保护动作后 1 号主变压器 110kV 侧 17A 未跳开原因为：1 号主变压器 110kV 侧 17A 间隔智能终端故障闭锁。

（4）现场查找 110kV Ⅰ 母母差保护范围内的一次设备，用测温仪测温时发现 110kV Ⅰ 段母线 TV 元件 GIS 外桶壁温度较其他间隔高出许多，可判定母线故障点存在于 110kV Ⅰ 段母线 TV 处。

（5）将 110kV Ⅰ 段母线 TV 17M5 隔离开关断开，隔离 110kV Ⅰ 段母线 TV 故障点。

（6）重启 1 号主变压器 110kV 侧 17A 间隔智能终端后，装置运行正常。

（7）检查 110kV Ⅰ 段母线上所接馈线线路电压均无压（若接有电源联络线，应优先采用外来电源对母线进线充电）。

（8）合上 110kV 母联 17M 断路器对 110kV Ⅰ 段母线充电。

（9）冲击正常后，将 110kV 母线 TV 合并单元并列切换把手切换至"Ⅰ母强制Ⅱ母"位置，并检查 110kV Ⅰ 段母线电压显示正常。

（10）依次合上 1 号主变压器 110kV 侧 17A、乙三线 177、乙一线 175 断路器。

（11）投入 1 号主变压器两套保护的"投中压侧电压压板"。

6. 案例要点分析

Q/GDW 441—2010《智能变电站继电保护技术规范》规定，110kV 及以上主变压器保护双套设备采用双网配置，双保护、合并单元及智能终端组成独立的 GOOSE 双网；而 110kV 的母差保护配置单套装置，正常仅接入 GOOSE A 网。

本案例中主变压器 110kV 侧第一套间隔智能终端发生故障闭锁，此时 110kV 母差保护出口跳主变压器 110kV 侧断路器的功能已失去，而主变压器 110kV 侧作为该母线的电源点，因此在母线发生故障时，势必增加故障的持续时间，对系统的稳定运行产生影响。

正常运行中处理主变压器 110kV 侧第一套间隔智能终端发生故障闭锁时，应申请调度对运行方式做出调整，将主变压器 110kV 侧断路器先行断开，进行装置闭锁故障的处理。

案例处理的要点：应先解除中压侧电压开放对 1 号主变压器保护的影响；然后现场检查故障点，发现 110kV Ⅰ 段母线故障点在 TV 处，断开母线 TV 隔离断路器隔离故障点；然后对 110kV Ⅰ 段母线送电，送电正常后由于 Ⅰ 段母线 TV 无法投入运行，所以需将 TV 并列断路器切至 "Ⅰ 母强制 Ⅱ 母" 位置；检查 Ⅰ 母电压正常后，恢复 17A、177、175 断路器运行；最后投入 1 号主变压器中压侧电压接收压板。

案例 7　仿真二变电站主变压器单套保护运行，220kV 线路第一套断路器保护组网断链

1. 主接线运行方式

220kV 系统：桥式接线。甲一线 271、甲二线 272、母联 27M 断路器运行。

110kV 系统：双母线接线。乙一线 175、乙三线 177、1 号主变压器 110kV 侧 17A 接 Ⅰ 段母线运行；乙二线 176、乙四线 178、2 号主变压器 110kV 侧 17B 接 Ⅱ 段母线运行；母联 17M 断路器运行。

10kV 系统：单母分段接线。Ⅰ 段母线接配线一 911、1 号电容器 919、2 号电容器 918、3 号电容器 939、4 号电容器 938、1 号站用变压器 910 运行；Ⅱ 段母线接配线二 921、5 号电容器 929、6 号电容器 928、7 号电容器 949、8 号电容器 948、2 号站用变压器 920 运行；母联 97M 热备用。

中性点系统：2 号主变压器 220kV 侧 27B8、2 号主变压器 110kV 侧 17B8、1 号主变压器 110kV 侧 17A8 合闸；1 号主变压器 220kV 侧 27A8 断开。

2. 保护配置情况

1、2 号主变压器保护配置南瑞继保 PCS-978，220kV 线路配置南瑞继保 PCS-931+北京四方 CSC-103 双套光纤差动保护，220kV 线路及桥断路器配置

南瑞继保 PCS-921+北京四方 CSC-121 双套断路器保护，220kV Ⅰ、Ⅱ母配置双套南瑞继保 PCS-922 短引线保护，110kV 母线保护配置国电南自 SGB-750，110kV 线路保护配置南瑞继保 PCS-941A。保护均采用直采直跳方式，间隔层装置间采用 GOOSE 组网通信方式。

3. 事故概况

（1）事故起因：1 号主变压器第二套主变压器保护进行屏内年检工作期间，220kV 甲一线 271 第一套断路器保护接收 1 号主变压器第一套保护 GOOSE 通信中断，甲一线 271 断路器 SF_6 压力低闭锁分闸。1 号主变压器差动区内发生故障，甲一线 271 对侧线路保护后备段动作，延时切除故障，10kV 母联备自投动作由 2 号主变压器带上 10kV Ⅰ段母线负荷。

（2）具体报文信息见表 5-7。

表 5-7 报 文 信 息

序号	时 间	报 文 信 息
1	09:00:00:000	甲一线 271 第一套断路器保护装置告警
2	09:00:00:000	甲一线 271 第一套断路器保护 GOOSE 总告警
3	09:00:00:000	甲一线 271 第一套断路器保护接收 1 号主变压器第一套保护 GOOSE 中断
4	09:30:00:000	220kV 甲一线 271 线路保护 PCS931AM 保护起动
5	09:30:00:000	220kV 甲一线 271 线路保护 CSC103B 保护起动
6	09:30:00:000	220kV 甲二线 272 线路保护 PCS931AM 保护起动
7	09:30:00:000	220kV 甲二线 272 线路保护 CSC103B 保护起动
8	09:30:00:000	220kV 母联 27M 保护 PCS921G-D 保护起动
9	09:30:00:000	220kV 母联 27M 保护 CSC121AE 保护起动
10	09:30:00:000	1 号主变压器 PCS-978 第一套保护起动
11	09:30:00:000	2 号主变压器 PCS-978 第一套保护起动
12	09:30:00:000	2 号主变压器 PCS-978 第二套保护起动
13	09:30:00:000	110kV 母线差动保护起动
14	09:30:00:000	110kV 母线差动保护电压开放
15	09:30:00:010	1 号主变压器 PCS-978 第一套保护纵差比例差动动作
16	09:30:00:010	1 号主变压器 PCS-978 第一套保护纵差工频变化量差动动作

续表

序号	时　间	报　文　信　息
17	09:30:00:010	1 号主变压器 PCS-978 第二套保护纵差比例差动动作
18	09:30:00:010	1 号主变压器 PCS-978 第二套保护纵差工频变化量差动动作
19	09:30:00:010	1 号主变压器 PCS-978 第一套保护跳低压侧 97A 断路器
20	09:30:00:010	1 号主变压器 PCS-978 第一套保护跳高压侧 271 断路器
21	09:30:00:010	1 号主变压器 PCS-978 第一套保护跳高压侧母联 27M 断路器
22	09:30:00:010	1 号主变压器 PCS-978 第一套保护跳中压侧 17A 断路器
23	09:30:00:010	1 号主变压器 PCS-978 第二套保护跳中压侧 17A 断路器
24	09:30:00:045	220kV 内桥 27M 测控 27M 断路器合位—分
25	09:30:00:045	220kV 内桥 27M 测控 27M 断路器分位—合
26	09:30:00:045	1 号主变压器 110kV 侧 17A 测控 17A 断路器合位—分
27	09:30:00:045	1 号主变压器 110kV 侧 17A 测控 17A 断路器分位—合
28	09:30:00:045	1 号主变压器 10kV 侧 97A 测控 97A 断路器合位—分
29	09:30:00:045	1 号主变压器 10kV 侧 97A 测控 97A 断路器分位—合
30	09:30:00:145	10kV Ⅰ 段母线计量电压消失
31	09:30:02:345	220kV Ⅰ 段母线计量电压消失
32	09:30:02:505	10kV　PCS9651D Ⅰ～Ⅱ 段备自投跳电源 97A 断路器
33	09:30:02:590	10kV　PCS9651D Ⅰ～Ⅱ 段备自投合分段 97M 断路器
34	09:30:02:625	10kV 母联 97M 保护测控 97M 断路器合位—合
35	09:30:02:625	10kV 母联 97M 保护测控 97M 断路器分位—分
36	09:30:05:070	220kV 甲一线 271 线路保护 PCS931AM 保护起动—复归
37	09:30:05:070	220kV 甲一线 271 线路保护 CSC103B 保护起动—复归
38	09:30:05:070	220kV 甲二线 272 线路保护 PCS931AM 保护起动—复归
39	09:30:05:070	220kV 甲二线 272 线路保护 CSC103B 保护起动—复归
40	09:30:05:070	220kV 母联 27M 保护 PCS921G-D 保护起动—复归
41	09:30:05:070	220kV 母联 27M 保护 CSC121AE 保护起动—复归
42	09:30:05:070	1 号主变压器 PCS-978 第一套保护起动—复归

序号	时　间	报　文　信　息
43	09:30:05:070	1 号主变压器 PCS–978 第二套保护起动—复归
44	09:30:05:070	2 号主变压器 PCS–978 第一套保护起动—复归
45	09:30:05:070	2 号主变压器 PCS–978 第二套保护起动—复归
46	09:30:05:070	110kV 母线差动保护起动—复归

4. 报文分析判断

从报文第 1～3 项内容"甲一线 271 第一套断路器保护接收 1 号主变压器第一套保护 GOOSE 中断"、"甲一线 271 第一套断路器保护 GOOSE 总告警"、"甲一线 271 第一套断路器保护装置告警"信号，可得知 09:00:00:000 甲一线 271 第一套断路器保护接收 1 号主变压器第一套保护 GOOSE 链路发生中断；09:30:00:000 系统出现故障发生各类保护起动；10ms 1 号主变压器第一套差动保护动作出口跳 220kV 母联 27M 断路器、220kV 甲一线 271 断路器、1 号主变压器 110kV 侧 17A 及 10kV 侧 97A 断路器；约 30ms 后 220kV 母联 27M、1 号主变压器 110kV 侧 17A 及 10kV 侧 97A 断路器变位分，未见甲一线 271 断路器变位信号；2s 后 220kV Ⅰ段母线失电压；2.5s 后 10kV Ⅰ、Ⅱ段备自投动作出口跳 97A 断路器，约 2.6s 动作合上 10kV 母联 97M 断路器，随后相关保护起动信号复归。

通过分析可判断：在甲一线 271 第一套断路器保护接收 1 号主变压器第一套保护 GOOSE 链路发生中断时，1 号主变压器差动保护区内发生故障，内桥 27M、1 号主变压器 17A 及 97A 断路器跳闸，而甲一线 271 断路器未能跳开，271 断路器拒动而无法起动失灵远跳 271 线路对侧断路器，造成 271 线路对侧保护后备段延时切除故障，最后 10kV Ⅰ、Ⅱ段备自投动作合上 10kV 母联 97M 断路器，带上 10kV Ⅰ段母线负荷。可见本事故疑点在于甲一线 271 断路器为何拒动，故在实际事故处理过程中应现场检查拒动原因。

5. 处理参考步骤

（1）阅读并分析报文、检查相关保护和设备。

（2）密切监视 2 号主变压器负荷情况，若超额定负荷应汇报调度申请减负荷。

（3）现场查找 1 号主变压器差动保护范围内的一次设备，发现 1 号主变压器 110kV 套管处 A 相套管表面有沿面放电痕迹、瓷套电弧灼伤，判断故障点存在该处。

（4）现场检查发现甲一线 271 断路器气室 SF_6 压力已降至闭锁值，而监控未出现相关 SF_6 压力低闭锁分闸等信号。

（5）将 1 号主变压器转冷备用状态，隔离故障点。

（6）将甲一线 271 断路器转冷备用状态，进行 SF_6 压力闭锁故障处理。

6. 案例要点分析

Q/GDW 441—2010《智能变电站继电保护技术规范》规定，断路器失灵起动、解复压闭锁、起动变压器保护联跳各侧及变压器保护跳母联（分段）信号采用 GOOSE 网络传输方式。

1 号主变压器第二套保护退出运行进行年检工作，主变压器保护相关双套配置的 GOOSE 网络仅剩 A 网单网运行，此时发生甲一线 271 第一套断路器保护接收 1 号主变压器第一套保护 GOOSE 链路中断异常后，1 号主变压器保护动作组网启甲一线 271 断路器失灵功能将失去，所以在 271 断路器拒动时无法起动 271 断路器失灵保护，那么后果将无法实现 271 线路保护远跳对侧断路器，仅能由对侧线路保护后备段动作后切除故障，势必增加故障的持续时间，对系统的稳定运行产生影响。正常运行中对于组网 GOOSE 断链异常的处理也应引起高度重视，应及时消除缺陷。

案例处理的要点：该事故发生后，全站负荷将由 2 号主变压器供给，所以第一要务应对 2 号主变压器负荷进行密切监视，对 2 号主变压器本体及相应间隔进行巡视测温；另外应尽快查找主变压器差动保护范围内的故障点，以及甲一线 271 断路器拒动的原因所在，查找到相关原因后方可确定 1 号主变压器及甲一线 271 可否送电。

案例 8 仿真二变电站主变压器本体合并单元缺陷，间隙过电流保护误动作

1. 主接线运行方式

220kV 系统：桥式接线。甲一线 271、甲二线 272、母联 27M 断路器运行。

110kV 系统：双母线接线。乙一线 175、乙三线 177、1 号主变压器 110kV 侧 17A 接 I 段母线运行；乙二线 176、乙四线 178、2 号主变压器 110kV 侧 17B 接 II 段母线运行；母联 17M 断路器运行。

10kV 系统：单母分段接线。I 段母线接配线一 911、1 号电容器 919、2

号电容器 918、3 号电容器 939、4 号电容器 938、1 号站用变压器 910 运行；Ⅱ段母线接配线二 921、5 号电容器 929、6 号电容器 928、7 号电容器 949、8 号电容器 948、2 号站用变压器 920 运行；母联 97M 热备用。

中性点系统：2 号主变压器 220kV 侧 27B8、2 号主变压器 110kV 侧 17B8、1 号主变压器 110kV 侧 17A8 合闸；1 号主变压器 220kV 侧 27A8 断开。

2. 保护配置情况

1、2 号主变压器保护配置南瑞继保 PCS-978，本体配置双合并单元、单智能终端，三侧均双合并单元、智能终端配置；220kV 线路配置南瑞继保 PCS-931+北京四方 CSC-103 双套光差保护，220kV 线路及桥开关配置南瑞继保 PCS-921+北京四方 CSC-121 双套断路器保护，220kV Ⅰ、Ⅱ母配置双套南瑞继保 PCS-922 短引线保护；110kV 母线保护配置国电南自 SGB-750，110kV 线路保护配置南瑞继保 PCS-941A。保护均采用直采直跳方式，间隔层装置间采用 GOOSE 组网通信方式。

3. 事故概况

（1）事故起因：1 号主变压器双套电量保护均正常运行，期间进行 1 号主变压器本体第一套合并单元采样异常缺陷处理过程中，1 号主变压器第一套间隙过电流保护动作，跳开 1 号主变压器三侧断路器，10kV 母联备自投动作。

（2）具体报文信息见表 5-8。

表 5-8 报 文 信 息

序号	时 间	报 文 信 息
1	09:00:00:000	1 号主变压器本体第一套合并单元采样异常
2	09:00:00:000	1 号主变压器本体第一套合并单元告警
3	09:00:00:000	1 号主变压器 PCS-978 第一套保护告警
4	09:00:00:000	1 号主变压器 PCS-978 第一套保护 SV 总告警
5	09:30:00:000	1 号主变压器本体第一套合并单元置检修态
6	10:30:00:000	1 号主变压器本体第一套合并单元置检修态—复归
7	10:35:05:000	1 号主变压器 PCS-978 第一套高压侧间隙保护动作
8	10:35:05:000	1 号主变压器 PCS-978 第一套保护跳低压侧 97A 断路器
9	10:35:05:000	1 号主变压器 PCS-978 第一套保护跳高压侧 271 断路器
10	10:35:05:000	1 号主变压器 PCS-978 第一套保护跳高压侧母联 27M 断路器

续表

序号	时　　间	报　文　信　息
11	10:35:05:000	1 号主变压器 PCS-978 第一套保护跳中压侧 17A 断路器
12	10:35:05:025	220kV 内桥 27M 测控 27M 断路器合位—分
13	10:35:05:025	220kV 内桥 27M 测控 27M 断路器分位—合
14	10:35:05:025	220kV 甲一线 271 测控 271 断路器合位—分
15	10:35:05:025	220kV 甲一线 271 测控 271 断路器分位—合
16	10:35:05:030	1 号主变压器 110kV 侧 17A 测控 17A 断路器合位—分
17	10:35:05:030	1 号主变压器 110kV 侧 17A 测控 17A 断路器分位—合
18	10:35:05:030	1 号主变压器 10kV 侧 97A 测控 97A 断路器合位—分
19	10:35:05:030	1 号主变压器 10kV 侧 97A 测控 97A 断路器分位—合
20	10:35:05:050	10kV Ⅰ 段母线计量电压消失
21	10:35:07:500	10kV PCS9651D Ⅰ～Ⅱ段备自投跳电源 97A 断路器
22	10:35:07:600	10kV PCS9651D Ⅰ～Ⅱ段备自投合分段 97M 断路器
23	10:35:07:635	10kV 母联 97M 保护测控 97M 断路器合位—合
24	10:35:07:635	10kV 母联 97M 保护测控 97M 断路器分位—分

4. 报文分析判断

从报文第 1～4 项内容,"1 号主变压器本体第一套合并单元采样异常"、"1 号主变压器 PCS-978 第一套保护 SV 总告警"等信号,可得知 09:00:00:000 1 号主变压器本体第一套合并单元采样异常;09:30:00:000 将 1 号主变压器本体第一套合并单元置检修压板投入;10:30:00:00 将 1 号主变压器本体第一套合并单元置检修压板解除;10:35:05:000 1 号主变压器 PCS-978 第一套高压侧间隙保护动作,出口跳 1 号主变压器各侧断路器;2.5s 后 10kV Ⅰ、Ⅱ段备自投动作出口跳 97A 断路器,2.6s 后动作合上 10kV 母联 97M 断路器,随后相关保护起动信号复归。

通过分析可判断 1 号主变压器本体第一套合并单元采样异常现象出现后,与之联系的 1 号主变压器第一套保护出现 SV 告警信号,导致本体合并单元一送至第一套主变压器保护的采样丢失,各侧间隙过电流等相关保护功能被闭锁,此时其余电量保护均正常运行。在现场紧急消缺工作过程中,本体合并单元一置检修态后又将其退出,之后 1 号主变压器高压侧间隙保护动作跳开主变压器各侧断路器，最后 10kV Ⅰ、Ⅱ段备自投动作合上 10kV 母联 97M 断路器，带上 10kV Ⅰ段母线负荷。从信号上分析，主变压器间隙保护动作时，系统未发生一些扰动，且结合现场的本体合并单元的消缺工作，可判断消缺工作造成主变压器保护误动的可能性极大。

5. 处理参考步骤

（1）阅读并分析报文、检查相关保护和设备。

（2）密切监视 2 号主变压器负荷情况，若超额定负荷应汇报调度申请减负荷。

（3）现场确认由于检修人员误操作导致 1 号主变压器保护误动后，应立即将 1 号主变压器第一套保护及本体合并单元一退出运行，检查第二套保护运行正常。

（4）合上 1 号主变压器 220kV 侧中性点 27A8 接地刀闸，然后用母联 27M 断路器对 1 号主变压器进行冲击。

（5）1 号主变压器冲击正常后，断开 1 号主变压器 220kV 侧中性点 27A8 接地刀闸，合上甲一线 271 断路器。

（6）合上 1 号主变压器 110kV 侧 17A 断路器。

（7）合上 1 号主变压器 10kV 侧 97A 断路器，断开 10kV 母联 97M 断路器。

6. 案例要点分析

本案例中在 1 号主变压器本体合并单元一出现异常时，1 号主变压器第一套相关保护被闭锁，但差动等保护功能还正常工作，影响范围有限。在第一套主变压器保护运行的情况下进行本体合并单元的消缺工作。但消缺工作的安全措施仅将本体合并单元的检修压板投入，未退出 1 号主变压器第一套保护接收本体合并单元一的 SV 软压板。且在进行通流校验本体合并单元高压侧间隙电流模拟采样前，误将合并单元的检修压板退出，导致通流试验过程中 1 号主变压器高压侧间隙过电流保护误动作跳开主变压器各侧断路器。

可见，在智能化变电站进行单一智能设备（IED）的消缺工作时，应考虑对其相关链路智能设备的影响。对于检修工作安全措施的考虑应周全，应提前对 SCD 文件进行分析，查找相关链路的影响，针对影响再一一进行相应措施的布置。

案例处理的要点：该事故发生后，全站负荷将由 2 号主变压器供给，所以第一要务应对 2 号主变压器负荷进行密切监视，对 2 号主变压器本体及相应间隔进行巡视测温；另外应尽快分析 1 号主变压器保护间隙保护误动的原因，确认因工作人员误操作导致保护误动时，立即隔离误动保护后，将主变压器恢复运行。

案例 9　仿真二变电站 10kV 备自投退出运行，10kV 线路断路器拒动造成母线失电压

1. 主接线运行方式

220kV 系统：桥式接线。甲一线 271、甲二线 272、母联 27M 断路器运行。

110kV 系统：双母线接线。乙一线 175、乙三线 177、1 号主变压器 110kV 侧 17A 接Ⅰ段母线运行；乙二线 176、乙四线 178、2 号主变压器 110kV 侧 17B 接Ⅱ段母线运行；母联 17M 断路器运行。

10kV 系统：单母分段接线。Ⅰ段母线接配线一 911、1 号电容器 919、2 号电容器 918、3 号电容器 939、4 号电容器 938、1 号站用变压器 910 运行；Ⅱ段母线接配线二 921、5 号电容器 929、6 号电容器 928、7 号电容器 949、8 号电容器 948、2 号站用变压器 920 运行；母联 97M 热备用。

中性点系统：2 号主变压器 220kV 侧 27B8、2 号主变压器 110kV 侧 17B8、1 号主变压器 110kV 侧 17A8 合闸；1 号主变压器 220kV 侧 27A8 断开。

2. 保护配置情况

1、2 号主变压器保护配置南瑞继保 PCS–978，220kV 线路配置南瑞继保 PCS–931+北京四方 CSC–103 双套光差保护，220kV 线路及桥断路器配置南瑞继保 PCS–921+北京四方 CSC–121 双套断路器保护，220kVⅠ、Ⅱ母配置双套南瑞继保 PCS–922 短引线保护，110kV 母线保护配置国电南自 SGB–750，110kV 线路保护配置南瑞继保 PCS–941A；10kVⅠ、Ⅱ段配置南瑞继保 PCS–9651 分段备自投，10kV 母联配置南瑞继保 PCS–9616 充电保护兼智能终端功能。保护均采用直采直跳方式，间隔层装置间采用 GOOSE 组网通信方式。

3. 事故概况

（1）事故起因：2 号主变压器年检工作，10kVⅠ、Ⅱ段母线负荷由 1 号主变压器供，10kVⅠ、Ⅱ段备自投退出，10kVⅡ段母线上配线二 921 线路发生故障，造成 10kVⅠ、Ⅱ段母线失电压。

（2）具体报文信息见表 5–9。

表 5–9　　　　　　　　　　　报　文　信　息

序号	时　间	报　文　信　息
1	09:00:00:000	10kV PCS9651D Ⅰ～Ⅱ段备自投闭锁总备自投
2	09:00:00:000	10kV PCS9651D Ⅰ～Ⅱ段备自投跳 97A 断路器出口压板退出

序号	时　间	报　文　信　息
3	09:00:00:000	10kV PCS9651D Ⅰ～Ⅱ段备自投跳 97B 断路器出口压板退出
4	09:00:00:000	10kV PCS9651D Ⅰ～Ⅱ段备自投合 97M 断路器出口压板退出
5	09:00:00:000	10kV PCS9651D Ⅰ～Ⅱ段备自投跳 97M 断路器出口压板退出
6	10:30:00:000	220kV 甲二线 272 线路保护 PCS931AM 保护起动
7	10:30:00:000	220kV 甲二线 272 线路保护 CSC103B 保护起动
8	10:30:00:000	220kV 母联 27M 保护 PCS921G-D 保护起动
9	10:30:00:000	220kV 母联 27M 保护 CSC121AE 保护起动
10	10:30:00:000	1 号主变压器 PCS-978 第一套保护起动
11	10:30:00:000	1 号主变压器 PCS-978 第二套保护起动
12	10:30:00:000	110kV 母线差动保护起动
13	10:30:00:100	10kV 配线二 921 线路 PCS9611D 保护过电流Ⅰ段动作
14	10:30:00:100	10kV 配线二 921 线路 PCS9611D 保护大电流闭锁重合闸动作
15	10:30:00:100	10kV 配线二 921 线路 PCS9611D 保护事故总信号
16	10:30:00:110	10kV 配线二 921 断路器控制回路断线
17	10:30:01:400	1 号主变压器 PCS-978 第一套低压侧 1 分支过电流 1 时限动作
18	10:30:01:400	1 号主变压器 PCS-978 第二套低压侧 1 分支过电流 1 时限动作
19	10:30:01:700	1 号主变压器 PCS-978 第一套低压侧 1 分支过电流 2 时限动作
20	10:30:01:700	1 号主变压器 PCS-978 第二套低压侧 1 分支过电流 2 时限动作
21	10:30:01:740	1 号主变压器 10kV 侧 97A 断路器跳位—合
22	10:30:01:740	1 号主变压器 10kV 侧 97A 断路器合位—分
23	10:30:02:750	10kV 1 号电容器 919 PCS9631D 低电压保护动作
24	10:30:02:750	10kV 3 号电容器 929 PCS9631D 低电压保护动作
25	10:30:02:790	10kV 1 号电容器 919 断路器跳位—合
26	10:30:02:790	10kV 1 号电容器 919 断路器合位—分
27	10:30:02:790	10kV 3 号电容器 929 断路器跳位—合
28	10:30:02:790	10kV 3 号电容器 929 断路器合位—分
29	10:30:03:000	10kV Ⅰ段母线计量电压消失
30	10:30:03:000	10kV Ⅱ段母线计量电压消失
31	10:30:06:000	220kV 甲一线 271 线路保护 PCS931AM 保护起动—复归
32	10:30:06:000	220kV 甲一线 271 线路保护 CSC103B 保护起动—复归

续表

序号	时　间	报　文　信　息
33	09:30:05:070	220kV 甲二线 272 线路保护 PCS931AM 保护起动—复归
34	09:30:05:070	220kV 甲二线 272 线路保护 CSC103B 保护起动—复归
35	09:30:05:070	220kV 母联 27M 保护 PCS921G–D 保护起动—复归
36	09:30:05:070	220kV 母联 27M 保护 CSC121AE 保护起动—复归
37	09:30:05:070	1 号主变压器 PCS–978 第一套保护起动—复归
38	09:30:05:070	1 号主变压器 PCS–978 第二套保护起动—复归
39	09:30:05:070	110kV 母线差动保护起动—复归

4. 报文分析判断

从报文第 1~4 项内容，"10kV PCS9651D Ⅰ～Ⅱ段备自投闭锁总备自投"
等信号可得知，09:00:00:000 值班人员进行了"退出 10kV Ⅰ、Ⅱ段备自投"的
操作；10:30:00:000 系统出现故障发生各类保护起动；100ms 后 10kV 配线二 921
线路过电流Ⅰ段保护动作且闭锁重合闸；约 10ms 后出现配线二 921 断路器控
制回路断线；1.4s 后 1 号主变压器双套保护低压侧复压过电流 1 时限动作；1.7s
后 1 号主变压器双套保护低压侧复压过电流 2 时限动作，97A 断路器跳闸变位；
随后相关保护起动信号复归。

通过分析可判断：2 号主变压器停役期间，1 号主变压器供 10kV Ⅰ段负荷，
且通过母联 97M 供 10kV Ⅱ段负荷。在此方式运行下，10kV Ⅱ段母线上所接配线
二 921 线路发生故障，过电流Ⅰ段保护动作出口，可是未见 921 断路器跳闸变位
信号，并结合 921 断路器控制回路断线报文，可判断出配线二 921 线路保护动作
后 921 断路器拒动原因为操作回路出现异常；由此引起 1 号主变压器低压侧复压
过电流保护动作，其 1 时限动作出口跳母联 97M 后，未见 97M 断路器跳闸变位信
号，该疑点结合值班人员"退出 10kV Ⅰ、Ⅱ段备自投"操作中误将母联 97M 断
路器的跳闸出口硬压板退出，可判断出其 97M 断路器拒动为人为误操作；导致 2
时限动作出口跳 1 号主变压器 10kV 侧 97A 开关，97A 断路器跳开切除故障点；
最后相关运行的电容器组由于 10kV 母线失电压其低电压保护动作出口跳闸。

5. 处理参考步骤

（1）阅读并分析报文、检查相关保护和设备。

（2）解除 1 号主变压器两套保护的"投低压侧电压压板"。

（3）现场检查发现 10kV 配线二 921 断路器处合位，用手动紧急分闸 921

断路器，并转至冷备用状态。

（4）将误退的 10kV 母联 97M 断路器出口硬压板投入，遥控断开 97M 断路器。

（5）合上 1 号主变压器 10kV 侧 97A 断路器对 10kV I 段母线冲击。

（6）10kV I 段母线冲击正常后，带上相关负荷。

（7）投入 1 号主变压器两套保护的"投低压侧电压压板"。

（8）投入 10kV 母联 97M 过电流充电保护，合上母联 97M 断路器对 10kV II 段母线进行冲击。

（9）10kV II 段母线进行冲击正常后退出 10kV 母联 97M 过电流充电保护。

（10）恢复 10kV II 段母线上相关负荷。

6. 案例要点分析

2 号主变压器退出运行，10kV 运行方式改变后，由 1 号主变压器带 10kV I、II 段负荷，该方式下调度常下令退出 10kV 备自投，且 10kV 母联充电保护 97M 断路器充电保护正常亦处于退出状态，值班人员在退出 10kV 备自投退出运行的操作过程中，误认为其 97M 断路器跳、合闸出口硬压板在备自投及充电保护退出运行的情况已无作用，随手将其退出。可见，值班人员缺乏对智能变电站的认识，将常规变电站的运行经验带至智能变电站中应用，对于本站中母联 97M 断路器充电保护装置的作用不够明确，其不仅可用于投充电保护，更重要的作用在于其完成母联 97M 断路器智能终端功能，其相关联的所有保护，包括备自投、主变压器等保护在动作出口后均经该压板出口跳闸。由之前案例要点分析，可知，智能化变电站中的智能终端的出口硬压板已不同于常规站中保护出口硬压板，在实际运行中应牢记。

案例处理的要点：该事故发生后，先退出 1 号主变压器低压侧电压压板，解除对 1 号主变压器复压开放影响，再现场检查 10kV 配线二 921 断路器拒动原因，查实后应将拒动 10kV 配线二 921 断路器隔离，同时将引起 10kV 母联 97M 断路器拒动的跳闸出口硬压板投入。

案例 10　仿真四变电站联络变压器中压侧 MU 缺陷处理，中压侧断路器失灵误动作

1. 主接线运行方式

500kV 系统：3/2 接线，丙二线与 2 号联络变压器完整串运行，丙一线与丙四线完整串运行，丙三线、3 号联络变压器不完整串运行。

220kV 系统：采用双母线双分段接线，四段母线环状运行。甲一线 211 断路器、甲三线 213 断路器接 I 段母线运行；甲二线 212 断路器、甲四线 214 断路器、2 号联络变压器 21B 断路器接 II 段母线运行；甲七线 223 断路器、甲五线 221 断路器、3 号联络变压器 22C 断路器接Ⅲ段母线运行；甲六线 222 断路器、甲八线 224 断路器接Ⅳ段母线运行。

66kV 系统：配置两段母线不设分段断路器，II 段母线接 2 号联络变压器 61B 断路器、1 号所用变压器 621 断路器运行、4 号电抗器组 624 断路器、7 号电容器组 627 断路器、8 号电容器组 628 断路器在热备用。Ⅲ段母线接 2 号联络变压器 61C 断路器、1 号所用变压器 631 开关运行、6 号电抗器组 634 断路器、1 号 1 电容器组 637 断路器、1 号 2 电容器组 638 断路器在热备用。0 号所用变压器由外来电源供电。

2. 保护配置情况

500kV 线路配置 PCS–931D、CSC–103B 两套电流差动保护；500kV 每台断路器均配置两套 CSC–121 断路器保护；500kV 每段母线各配置两套 CSC–150 母差保护、联络变压器配置两套 CSC–326/E 变压器电量保护和一套 JFZ–600R 非电量保护（含智能终端）。220kV I 、II 段母线和Ⅲ、Ⅳ段母线各配置两套 CSC–150 母差保护，220kV 线路采用测保一体装置。甲五线 221、甲七线 223、甲八线 224、甲三线 213、甲四线 214 配置 CSC–103 线路保护和 PCS–902 线路保护；甲一线 211、甲二线 212 配置 PCS–931 线路保护和 NSR–303 线路保护。500、220kV 每个间隔均配置两套合并单元、两套智能终端，保护采用直采直跳、跨间隔的跳合闸和联闭锁采用组网通信方式。

3. 事故概况

（1）事故起因：2 号联络变压器 220kV 侧 21B 间隔第一套 MU 故障，在 MU 消缺过程对 MU 进行加量试验过程中造成 2 号联络变压器差动作，21B 失灵动作，联切联络变压器各侧。

（2）具体报文信息见表 5–10。

表 5–10　　　　　　　　　　报　文　信　息

序号	时　间	报　文　信　息
1	09:00:00:000	2 号联络变压器 220kV 侧 21B 第一套合并单元采样异常
2	09:00:00:000	2 号联络变压器 220kV 侧 21B 第一套合并单元告警
3	09:00:00:000	2 号联络变压器第一套 CSC326 保护告警

续表

序号	时 间	报 文 信 息
4	09:00:00:000	2 号联络变压器 220kV 侧 21B 测控 SV 告警
5	09:00:00:000	220kV Ⅰ、Ⅱ 段母线第一套保护采样数据异常
6	09:00:00:000	220kV Ⅰ、Ⅱ 段母线第一套保护 SV 总告警
7	09:30:00:000	2 号联络变压器 220kV 侧 21B 第一套合并单元置检修态
8	10:30:00:000	2 号联络变压器 220kV 侧 21B 第一套合并单元置检修态—复归
9	10:35:05:000	2 号联络变压器分相差动 A 保护动作
10	10:35:05:000	2 号联络变压器保护动作
11	10:35:05:030	2 号联络变压器 500kV 侧 5031 断路器合位—分
12	10:35:05:030	2 号联络变压器 500kV 侧 5031 断路器分位—合
13	10:35:05:030	2 号联络变压器 500kV 侧 5032 断路器合位—分
14	10:35:05:030	2 号联络变压器 500kV 侧 5032 断路器分位—合
15	10:35:05:030	2 号联络变压器 220kV 侧 21B 断路器合位—分
16	10:35:05:030	2 号联络变压器 220kV 侧 21B 断路器分位—合
17	10:35:05:030	2 号联络变压器 61B 断路器合位—分
18	10:35:05:030	2 号联络变压器 61B 断路器分位—合
19	10:35:05:300	2 号联络变压器中断路器失灵联跳动作
20	10:35:05:300	220kV Ⅰ、Ⅱ 段母线第一套保护失灵动作
21	10:35:05:310	220kV Ⅰ、Ⅱ 段母线第一套保护失灵跳母联 21M 断路器
22	10:35:05:330	220kV Ⅱ、Ⅳ 段母分 220 断路器合位—分
23	10:35:05:330	220kV Ⅱ、Ⅳ 段母分 220 断路器分位—合
24	10:35:05:330	220kV Ⅰ、Ⅱ 段母联 21M 断路器合位—分
25	10:35:05:330	220kV Ⅰ、Ⅱ 段母联 21M 断路器分位—合
26	10:35:05:330	220kV 甲二线 212 断路器合位—分
27	10:35:05:330	220kV 甲二线 212 断路器分位—合
28	10:35:05:330	220kV 甲四线 214 断路器合位—分
29	10:35:05:330	220kV 甲四线 214 断路器分位—合
30	10:35:05:330	220kV Ⅱ 段母线计量电压消失

4. 报文分析判断

从报文第 1～4 项内容"2 号联络变压器 220kV 侧 21B 第一套合并单元采样异常""2 号联络变压器第一套 CSC326 保护告警""220kV Ⅰ、Ⅱ 段母线第一套保护采样数据异常"等信号，可得知 09:00:00:000 2 号联络变压器 220kV 侧 21B 第一套合并单元采样异常，引起 2 号联络变压器第一套保护、测控及 220kV Ⅰ、Ⅱ 段母线第一套保护出现告警信号；09:30:00:000 将 2 号联络变压器 220kV 侧 21B 第一套合并单元置检修压板投入；10:30:00:00 将 2 号联络变压器 220kV 侧 21B 第一套合并单元置检修压板解除；10:35:05:000 2 号联络变压器第一套保护动作，出口跳 2 号联络变压器各侧断路器；0.3s 后 220kV Ⅱ 段母线失灵保护动作，220kV Ⅱ、Ⅳ 段母分 220 断路器、220kV Ⅰ、Ⅱ 段母联 21M 断路器、甲二线 212 断路器、甲四线 214 断路器。

通过分析可判断：2 号联络变压器 220kV 侧 21B 第一套合并单元采样异常现象出现后，与之联系的 2 号联络变压器第一套保护及测控、220kV Ⅰ、Ⅱ 段母线第一套保护出现 SV 告警信号，导致 2 号联络变压器第一套保护、220kV Ⅰ、Ⅱ 段母线第一套保护闭锁。

在现场紧急消缺工作过程中，2 号联络变压器 220kV 侧 21B 第一套合并单元置检修态后又将其退出，之后 2 号联络变压器第一套保护动作，出口跳 2 号联络变压器各侧断路器；之后 220kV Ⅱ 段母线失灵保护动作。从信号上分析，2 号联络变压器保护动作，系统未发生一些扰动，且结合现场的合并单元的消缺工作，可判断消缺工作造成联络变压器及失灵保护误动的可能性极大。

5. 处理参考步骤

（1）阅读并分析报文、检查相关保护和设备。

（2）密切监视 3 号联络变压器负荷情况，若超额定负荷应汇报调度申请减负荷。

（3）现场确认由于检修人员误操作导致 2 号联络变压器及 220kV 失灵保护误动后，应立即将 2 号联络变压器 220kV 侧 21B 第一套合并单元退出运行，退出 2 号联络变压器第一套保护、220kV Ⅰ、Ⅱ 段母线第一套保护。

（4）合上 5031 断路器，对 2 号联络变压器进行送电。

（5）正常后，合上 5032、21B、61B 断路器。

（6）合上 220kV Ⅰ、Ⅱ 段母联 21M 断路器、Ⅱ、Ⅳ 段母分 220 断路器。

（7）合上甲二线 212 断路器、甲四线 214 断路器。

6. 案例要点分析

本案例中在 2 号联络变压器 220kV 侧 21B 第一套合并单元出现异常时，2 号联络变压器第一套保护、220kV Ⅰ、Ⅱ 段母线第一套保护被闭锁。在一次设备未停役的情况下进行合并单元的消缺工作。但消缺工作的安全措施仅将合并单元的检修压板投入，未将受闭锁的 2 号联络变压器第一套保护、220kV Ⅰ、Ⅱ 段母线第一套保护退出。在进行通流校验前，误将合并单元的检修压板退出，导致通流试验过程中 2 号联络变压器第一套保护动作跳开各侧断路器，在跳开 21B 断路器同时起动失灵和解除 220kV 母线失灵复压闭锁功能，此时由于 21B 仍有试验电流存在，导致 220kV Ⅱ 段母线失灵保护动作。

可见，在智能变电站进行单一智能设备（IED）的消缺工作时，应考虑对其相关链路智能设备的影响。特别在一次设备未停役时，对于检修工作安全措施的考虑更应周全，应提前对 SCD 文件进行分析，查找相关链路的影响，针对影响再一一进行措施的布置。

案例处理的要点：该事故发生后，全站负荷将由 3 号联络变压器供给，所以第一要务应对 3 号联络变压器负荷进行密切监视，对 3 号联络变压器本体及相应间隔进行巡视测温；另外应尽快分析 2 号联络变压器保护、220kV 失灵保护误动的原因，确认因工作人员误操作导致保护误动时，立即隔离误动保护后，将联络变压器恢复运行。

附录 A 220kV仿真一变电站主接线图

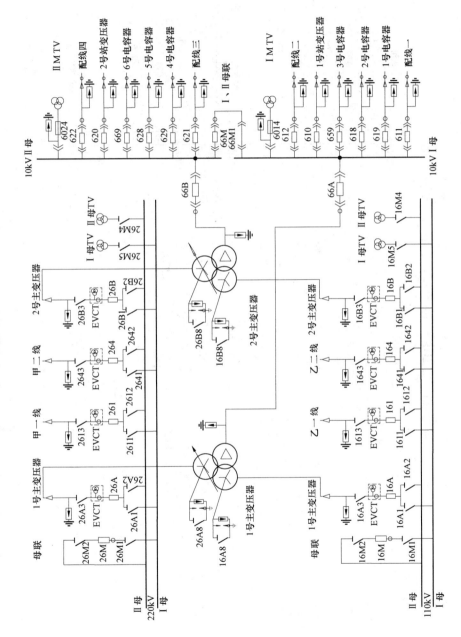

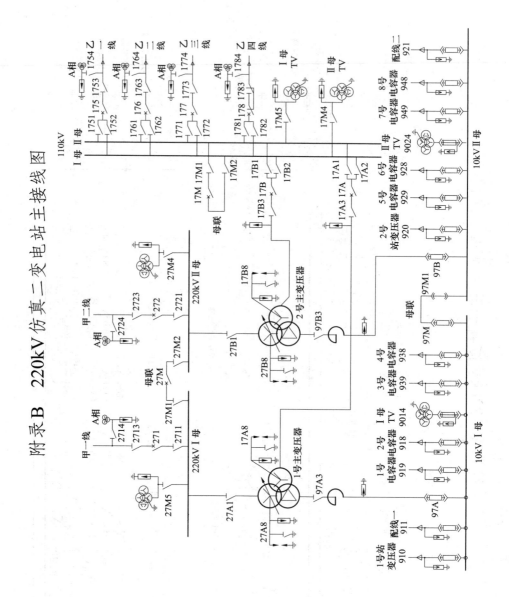

附录 B　220kV 仿真二变电站主接线图

附录C　110kV仿真三变电站主接线图

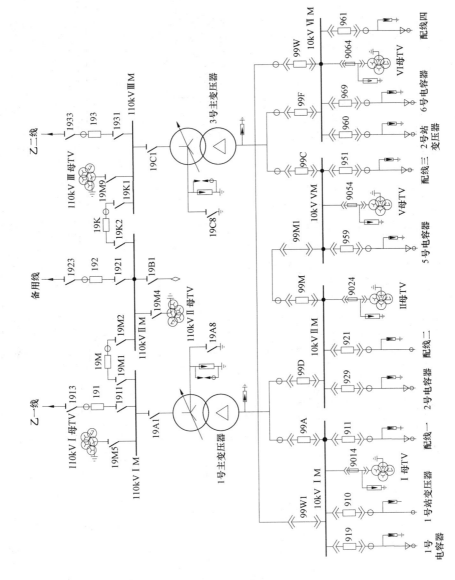

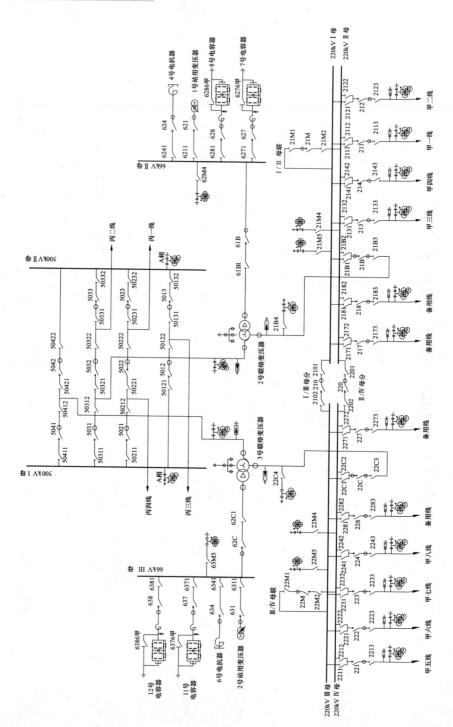

附录D 500kV仿真四变电站主接线图